黄油

一部丰富的历史

[美] 伊莱恩·科斯罗瓦　著

赵祖华　译

文化发展出版社
Cultural Development Press

· 北京 ·

图书在版编目（CIP）数据

黄油 ：一部丰富的历史／（美）伊莱恩·科斯罗瓦
(Elaine Khosrova) 著 ；赵祖华译. —— 北京 ：文化发
展出版社有限公司，2019.9（2024.9重印）
    ISBN 978-7-5142-2765-9

Ⅰ．①黄… Ⅱ．①伊… ②赵… Ⅲ．①奶油-介绍
Ⅳ．①TS225.2

中国版本图书馆CIP数据核字(2019)第209569号

版权登记号图字：01-2019-5531

黄油：一部丰富的历史

著　者 | [美]伊莱恩·科斯罗瓦
译　者 | 赵祖华

出 版 人 | 宋　娜
选题策划 | 陈　傒
责任编辑 | 刘淑婧
责任校对 | 岳智勇
装帧设计 | 郭　阳
责任印制 | 杨　骏

出版发行 | 文化发展出版社有限公司（北京市翠微路2号　邮编：100036）
网　　址 | www.wenhuafazhan.com
经　　销 | 各地新华书店
印　　制 | 北京印匠彩色印刷有限公司
发行电话 | 010-88275993　010-88275711
规　　格 | 880mm×1230mm　1/32
印　　张 | 10
字　　数 | 197千字
版　　次 | 2020年5月第1版　2024年9月第6次印刷
I S B N | 978-7-5142-2765-9

定　　价 | 49.00元

如有印装质量问题，请与我社印制部联系　电话：010-88275720

献给

我的父母

最早为我的面包抹上黄油的克莱尔（Clare）

和教我品尝黄油的尤金（Eugene）

黄油

伊丽莎白·亚历山大*

我的妈妈比我，比谁
都爱黄油。她从长条上
掰下一块块空口吃，还说
奶油转啊转出了黄油！从小到大
我们吃火鸡肉片嫩煎用柠檬
和黄油，黄油与奶酪放上绿色面条
黄油熔化在约克夏布丁中心的
小窝，黄油胜过肉汁
把白米染黄，把玉米粒
涂成打滑的方块，
黄油的熔岩在粗玉米糊的
白色火山，黄油软化
在一只白碗，等待白糖
搅打成糊，黄油消失无影
在红薯泥中，连同菠萝
黄油熔融凝稠，等待浇上薄饼
黄油从盘上舔掉，连同
温热的枫树糖浆。我想象
美好的旧时光，咧着油嘴
同我的兄弟，看老虎
追赶他的尾巴，变身黄油。我们是
芒博琼博的子孙，不管
历史的修改，不管
父母的努力，从内向外
放光，一万万瓦特的黄油。

---

* 伊丽莎白·亚历山大（Elizabeth Alexander, 1962— ）:美国著名诗人、作家、学者。
现为哥伦比亚大学教授，2000—2015 年任教于耶鲁大学。《黄油》一诗发表于
1996 年。——本书注解均为译者所加，后文不再一一说明。

目录

序 言

· · · ·

罗布（Norbu）快步上着陡坡，想跟紧妈妈。这个三岁的男孩手拿一只小碗，眼神坚毅。蓝色的塑料靴子踩在湿漉漉的草地上时常打滑，但是他能稳住自己，继续赶路，弱小的身躯倾向上升的山坡。他所前往的是两百码^①高处的一块平脊，一小群牦牛的集合之地。这段徒步之旅于罗布而言是轻车熟路，每个早晨他都要爬这一趟，去领取他的早饭——他妈妈从牦牛身上挤下的一碗温热的牛奶。

男孩到达山脊的时候，他的爸爸格多（Kado）和妈妈卓妮（Choney）刚刚开始每日例行的二人露天挤奶工作。当这场人与动物的较量展开时，罗布知道待在一旁等候。他爬到小竹篱畜栏的摇摇晃晃的边上，围栏里圈着一群焦躁不安的牛犊。爸爸在里头用绳索套住一只小牛的脖子，将它从一个临时开口牵出来，并把挤在开口处的其他牛犊驱赶回去。它们都急切地渴望正在栏外徘

———————————

① 本书中使用的计量单位均为美制，读者可自行换算。

徊的母牛的乳汁。

　　但是第一份奶被卓妮得到了。一根绳子绕过她的脖子，下面挂着一只木桶，她的目标是收集大约六加仑的全脂生奶，以便装满她的搅拌器，午后来制作黄油。在不丹这里，牦牛黄油是事实上的硬通货，像格多和卓妮这样的放牧牦牛的高原游牧民会出售它，用它交换稻米、茶叶、大麦及其他生活必需品。随着这些不丹高海拔地区牧民人数的减少，牦牛黄油——通常包裹在厚实的绿叶里并以几根细绳捆扎——在集镇和城市中也变得越来越稀罕。罗布父母的牦牛黄油的售价是山谷里出产的奶牛黄油的两倍。本地人肯为手工牦牛黄油出大价钱，不仅因为它是传统工艺食品，还因为人们认为它更健康、口味更佳，尤其是放在酥油茶（su ja，红茶中加入酥油和食盐搅拌而成）中食用。有了这些低地的忠实客户，卓妮的黄油常常在她制作之前就卖了出去。

　　不过，早在遥远下方的谷地交易之前，在还没有制作这宝贵的黄油的时候，首先得要引导母牦牛（本地人叫作 dri，发音近似"得里"）献出它们的乳汁。这就是这个清晨的工作，此前数不清的清晨都是这么做的。母牦牛并不心甘情愿地配合挤奶，即便这是它们的一项常规任务。母性本能驱使它们将乳汁贮存在乳房里留给小牛。所以，这个早晨为了让牦牛"放松"下来，卓妮和格多采用了一个古老的挤奶手段：格多一次只将一只小牛牵出牛栏，鼓励它的母亲慢慢地悄悄地靠近孩子。（驯养这些大型动物完全是为了放牧它们的后代，牦牛绝不会遗弃幼牛。）格多让小牛吮吸片刻，促使乳汁释放。接着，他迅速用绳索将小牛从乳头脱开，卓妮接手；她抚摸了一会儿母牛身体的一侧——挤奶的预先信号——然后跪在乳房旁边。她身穿齐身的不丹"旗拉"（kira）：下身围裙，上身红色羊毛外套，头戴一顶红色羊毛帽子。现在虽是八月，但气温却从未超过 40 华氏度（约 4 摄氏度）。当卓妮跪坐在脚跟上，将木桶在腿上放稳后，就开始挤奶了。她先用湿布擦了擦母牛的乳头，然后用手指捏住两只乳头，以一种又快又稳的节奏交替地拉挤。两股奶流唰唰地流进木桶。

这期间，小牛使劲拉拽绳索，想要靠近母牛继续吃奶。但牦牛妈妈此时已经无动于衷了，它平静地站着，就像是被挤奶的卓妮催眠了一样。它顶着厚厚的牛角，凝视着东方的地平线。钴蓝色的天空下，圆弧形的土地覆盖着一望无垠的绿草；在牦牛看来，这是源源不断的美食盛宴。

当卓妮将要挤空母牛的乳房时，她缓慢地往后退身；格多就把小牦牛放开，任随它冲向它的妈妈，吮吸剩余的乳汁。除了得到这些剩余的早餐外，小牛们白天可以任意地跟随妈妈在空旷的草场上行动，随心所欲地吃奶。只有到夜晚回栏时，牛犊才和母牛分离，以保证它们的主人在清晨取得第一份乳汁。与此不同，当代西方国家的多数奶农会收取奶牛所有的乳汁，牛犊则通常食用人工饲料，直到它们可以吃草。不丹的游牧民之所以不这么做，是由于购买饲料既成本高昂，又不切实际。他们的方法是一种巧妙的分时享用，而这曾维持前工业时代的人们及他们的牲畜生存达数千年之久。

罗布嘀嘀咕咕地等着他的那一碗牛奶。当卓妮将奶从小木桶倒进一个更大的塑料桶时，男孩把他的小碗猛地伸了过去，想要截住一些。"奶，是……奶（Na ong…na）。"他说。他妈妈给他倒了半碗。罗布端到嘴边，马上就喝得干干净净，又回去再要，一而再，再而三。

心满意足地喝完后，他扔掉碗，跑向一堆小石头。在他把石头扔来扔去的时候，他的父母继续安静地做着他们的事。两人之间几乎没有什么话。卓妮和格多都来自于在这些高原上传承了不知多少代的游牧民家族，这两个二十多岁的年轻人以一种本能的方式驾驭巨型牦牛，他们熟悉它们的天性，胜过了解七千英尺之下正在快速现代化的首都廷布的同辈人的生活方式。

挤完奶时，卓妮的大塑料桶也差不多满了。格多大喊了一声"走喽（Jogay）"，赶着牦牛下了山脊，朝着低处的牧场而去。队伍经过小山坳里这个家庭的两室石屋，然后蹚过屋旁流过的一条小溪。牲畜们组成长长的黑色的牛毛蓬乱的行列，翻过临近的山坡。这时候，格多和卓妮把牛奶桶搬到溪流那里，将它部分地沉浸在一个冰凉的深水塘里。轻轻滚动的冰水将使牛奶微微冷却，更加容易搅拌。当罗布和他的父母掩上门扉之时，牦牛的黑色身影也最终消失在山棱后。就这样，不丹黄油制作的第一个步骤——取得牛乳——宣告完成。

如此编排或许像是一个唯有在此时此地发生的黄油故事的开头部分，仿佛这个偏远的山间与世上其他任何一个产奶山谷都不相同。然而，事实上以上步骤却是世间皆同、古今不变的。卓妮和格多的挤奶工序不仅沿袭了不丹千百年来的习惯做法，而且也让我们得以一窥黄油的起源。早在奶牛养殖出现之前，四处游猎的先民逐渐认识到留下某些动物要好于杀掉它们。牦牛，以及马、绵羊和山羊，是最早被这批新生代放牧人驯服作为奶源的动物。这群人的劳作方式与卓妮和格多别无二致。在牧场上挤奶的手法一模一样。生奶到手后，存放在各式各样的原始容器当中，之后黄油的诞生便是一件迟早会发生的惊喜之事。很可能，最初的搅拌源于奶液在驮畜背上的颠簸，盛装在皮囊里的奶液来回晃荡，将奶油冲撞出来。从那以后，每一次的搅拌——不管技术如何改进——本质上仍然是最初幸运事件的重演。

卓妮制作黄油的用具是完成这项任务最早的发明之一——搋子搅拌器。在世界各地它的名字五花八门，但形制却是整齐划一：一只瘦高的木桶，用一个多纳圈形状的盖子紧紧盖住，盖子中央的孔洞仅够插入一根叫作搋子的木棒的长柄。搋子的底端装着一块木头横档。上下有节奏地运动这个横档，便能从奶液或奶油中搅出黄油。就是这么简单。假设奶液的温度是适宜的，那么奶油颗粒便最终开始聚结形成。

卓妮的三英尺高的搅拌器——来自娘家的陪嫁品——放置在一扇小天窗的下方，在这个原本没有开窗的石室内，这扇天窗是除前门以外的唯一日光来源。这个家庭的两室石屋像是一座碉堡。很多方面这个徒手建成的房子确实是一座碉堡，它能够抵御冬季里将这个无树的山顶完全吞没的降雪和融冰。屋里没有家具。因为需要季节性地迁徙，卓妮和格多只拥有那些可以用牦牛驮起的物品。一只火炉在房间的一边燃烧着。一家人睡在地上，垫着卓妮用牦牛毛织成的类似地毯的厚毯子。白天毯子整齐堆放在角落里。房间两边的木架上排列着几只大碗和罐子，以及几只高高的篮子。这一天，两只篮子里几乎装满了圆形和楔形的牦牛黄油和半硬的奶酪。不久之后，格多就将长途跋涉一天去山下的城里，用这些乳制品换取现金。

就在卓妮将冷却的全脂生牦牛奶倒进搅拌器的时候，格多正在为两位客人准备酥油茶——一位是来自低地的农夫，另一位是本地区游牧民群体的领头人，一个年轻小伙子。格多从火上提下一壶加了盐的茶，搁了一块黄油进去。他在手掌里来回揉搓一只

清晨在不丹的高山上挤奶。（图片来源：伊莱恩·霍斯罗瓦）

竹搅打器的手柄，使它的球形末端在茶水里旋转。混合物变得浑浊，如同奶油硬糖的不透明色；他把茶倒进小茶杯里。如果黄油腐败变质，酥油茶就会变得刺鼻、油腻；但格多的油茶却是绝好的，带着一丝咸味和柔滑的黄油质感。

用绳子和布将搅拌器的盖子扎紧在木桶上后，卓妮开始制作黄油。她站着，两手上下抓牢掆子，像活塞一样平稳地上下抽动它。伴随着掆子在奶液里的每一次升降，搅拌器中传出厚重的泼溅声。方法固然简单，劳动强度却很高。就像在木桶里制造一场风暴，强大到足够从乳液中凝结奶油颗粒。这里没有定时器，没有钟表，只能根据搅拌器里声响的变化判断黄油是否开始成形。当搅拌声变得低沉缓和时，就表明脂肪将要从乳液中析出了。而当黄油最终凝结而成时，传出的则是更为响亮的撞击声。这些声音特征导引着古往今来、世界各地的黄油生产者们。这是一支相当古老的曲调，但却可靠地指示着何时黄油将从奶液中破浪而出。

第一部分

. . . .

历史

1

青草，反刍物，奶油：
开启黄油旅程

埃平黄油在伦敦及其邻近地区享誉极高，制作此种黄油的原料大部源自夏季月份放牧于埃平森林的奶牛，据信彼处的树叶与灌木于黄油的上乘美味颇有助益。

——乔赛亚·图阿姆利（Josiah Twamley）
《乳产管理论集》，1816 年

我现在居住在纽约州北部，房子前面那条肮脏道路的两头是两座小型奶牛场。一年的大部分时间里，奶牛都在牧场斜坡上上下下徐徐走动，反复咀嚼着乡野的景致。我常常惊叹于它们的身体如何能将碧绿的牧草转化成雪白的牛奶。而牛奶里充满了醇厚的脂肪，可以被人们召唤出来变身为金色的黄油，这一点更加难以置信。乳制品的转化过程中有一种类似侏儒怪 ① 的魔法。即便现代科学能

---

① 侏儒怪（Rumpelstiltskin）：德国民间传说中的一个侏儒怪物，拥有将亚麻纺成金线的魔法。

够将其中细节冷静地解释清楚，我却依然为之心醉神迷。事实上，正如我在撰写本书过程中所发现的，当我对动物和人将植物转化为黄油的复杂运作过程了解得越透彻，我对它反而愈加着迷。

　　然而，黄油却始终被怠慢。毕竟它如此寻常，好似邻家女孩，可爱却遭忽视。即便对于我，一个有着面点师、实验厨房编辑和美食专栏作家二十多年从业经验的专业人士来说，黄油也是长久以来隐身于厨房的暗处。我拿的薪水和接受的训练都是让我去寻找异国风味、明星美食、"下一个亮点"，而不是每家冰箱里都有的不起眼的黄色条状物。我烹饪和烘焙时经常用到黄油，餐桌上也总少不了它，但却怎么也没把这种乳制品放在心上。直到几年前，当我接受了一项编辑工作——去品尝、描述和评价两打来自世界各地乳品厂的不同品牌的黄油时，我才得以对它们定睛细看。桌上摆放的黄油砖，远的来自新西兰、意大利、捷克、爱尔兰和法国，近的则来自美国国内：佛蒙特州、威斯康星州、加利福尼亚州和中部诸州。那时，这项任务看起来毫无必要。我心想，黄油是如此基础的食材，它们之间能有多大差别？

　　但是，当我一一检视和品尝样品时，我便惊讶于没有两块黄油是相同的。细微的差别存在于它们的色泽、稠密度、奶香味、盐度、甜度、酸度、新鲜度，甚至坚果和芳草的风味。有些润泽闪亮，有些暗淡无光。有些在室温下瘫软塌陷，有些则形状完好无损。有些口味清新、散发奶香，有些则经过发酵，香味浓烈。一块产自山羊奶，另一块产自水牛奶。这些来自世界各地的长条和方砖带着奇怪的标签和陌生的名字，将它们编目时，我逐渐意识到，它们每一块都兼具我们叫作黄油（全世界至少有 57 种叫法，见附录 B）的普遍和专有的特征。说到底，所有黄油都是以相同的方式制成——搅拌乳脂肪，然而每份样品却又与众不同。每一种都像是一封瓶中信，传递着来自某个特定地域的讯息。

当然，我的印象并不单是浪漫的。每种黄油性质的每个细节都依赖于三个有生命的变量的特定调和：人、植物和家畜。他们像接力队一样合作。食用草料（或饲料）的乳畜产乳，奶农用乳生产奶油，黄油生产者搅拌奶油得到黄油（和酪乳）。以上环节的所有参与者和条件共同促成了我在品尝黄油样品时察觉到的既隐约又实在的差别。由于这三个因素因时间和地点而变化，所以甜黄油能够以一种相当纯粹和直接的方式表达出地域性。（其他乳制品，如酸乳和干酪，也具有相似的特性，但发酵乳品的生产一般需要更长时间及生物干预。而无发酵的黄油则几乎没有耽搁就被制成了。）

在 19 世纪晚期欧洲和北美的乳品生产工业化之前，黄油具有鲜明的产地风土特征（terroir）；每户农家基本上是一个微型手工乳品厂，出产或优或劣的自家特色乳品。但到了 20 世纪，当工人和机器最终将一代代从事黄油生产的农妇和乳坊女工排挤出局时，新型乳业合作企业和自动化乳品厂也把规范性、一致性和新鲜度作为新的准绳。随着乳品生产工业化的发展壮大，工厂搅拌器出产的黄油所反映的已不再是本地农场和小生产者的风味，而是大制造商的技术。全国性品牌应运而生，意味着你在密歇根买的黄油尝起来跟马里兰货架上的一模一样。（我们已经将这种便利的整齐划一视作当然，但在乳制品漫长的历史上，它只是非常晚近的现象。）

如今，到了21世纪，技术却被挂上了倒挡。一股"慢黄油"的复兴风潮正在形成，尤其出现在地域性产品需求旺盛和手工食品诱惑力大的地方。加入黄油生产行列的外来者多数是希望维持自己农场和生活方式的低科技创业者。但也包括数量可观的厨师、狂热的美食爱好者和坚定的DIY爱好者，他们面向热情洋溢的小众食客，小批量搅拌自己的特色黄油。

为这一运动欢呼并不意味着工业化黄油生产有什么错。事实是，19世纪晚期乳品厂的兴起全面提升了黄油的质量，为新鲜度设置了一个全新的起点，对此我将在第6章做详细说明。但是，每当有传统食品被手工艺人重新发掘出来，我们准能获得有趣的选择，或许是更加美味、更有创意或更加健康的选项。（可参考现代面包革命或者新巧克力运动。）并且，更少加工、更本地化的手工食品缩短了从农场到餐桌的旅程，通过购买它们，我们得以为自己的价值观投票，这是政治上的好处。

对于不只笃爱品尝美食而喜好刨根究底的食客来说，黄油也指向了另一条旅程，通过黄油的故事可以领略这一简单食物在人类历史进程中所起的重要作用。黄油是最古老的人工食物之一，它的历史就是人类的历史。本书的写作目的之一正是要展示，黄油的生平故事是如何与远离厨房和乳品厂的许多事件紧密交织的。从满足人类宗教、精神和药用需求的早期实践，到对开疆拓土和工业革命技术的深刻影响，再到 20 世纪与人造黄油生产者、无脂狂热分子的针锋相对，黄油独一无二的历史既反映了我们的口腹之欲，也展现出我们的雄心壮志。

当代黄油世界的多文化景象同样让人称奇。为写作本书，我展开了一次又一次研究之旅，游历了三个大洲，跨越美国大陆，所到之处均为编织黄油的现代故事增添了有力的线索。我当然也从书籍、文章和网站上搜集了许多关于黄油的事实，但是，为了全面获取有关黄油、出产地和从业者的感知经验，我必须拾起我蒙尘的护照。在印度旁遮普邦观看水牛黄油制作并品尝从搅拌器中取出的新鲜黄油，与体验加利福尼亚的绵羊黄油、法国布列塔尼的奶牛黄油和威斯康星的工业化黄油生产完全不是一回事。

这样的第一线食物研究叫作田野研究，但在我看来，它更像是猎寻黄油之旅。捕捉第一手的细节帮助我建筑出当下黄油生命的时间胶囊，同时也记录下许多偏远地区正在快速消失的古老的黄油制作手艺，那些地方的新生代已经远离了上一辈人的生计杂务与消遣。黄油巡回之旅也带给我一些乳品王国边缘地带的有趣的邂逅。与一位前佛教比丘尼的会面让我了解到藏族黄油雕塑的纷繁复杂之处，与诸多科学家的交流帮我认识了乳房、土壤和脂肪的代谢。我和一位每年雕刻艾奥瓦州集市黄油奶牛像的艺术家在一间大冷藏室里待了一周，还欣赏了一位新泽西州男士收藏的不计其数的老式黄油加工设备及纪念品。我参观了爱尔兰科克的黄油博物馆、布列塔尼的"黄油之家"，见识了法国鲁昂的臭名远扬的黄油塔。我在面包房、餐厅和烹饪学校目睹了厨师们运用黄油的魔法。

　　话说回来，黄油故事里最重要的角色并非我所见的或在历史上不同时点现身的人与机构。这一殊荣应归于乳畜，它们的乳汁是制作黄油的源泉。黄油的真正起源并不仅仅在于文化，也在于生物。

泽西牛（Jersey cow）是深受黄油和奶酪生产者喜爱的一个奶牛品种。
（图片来源：SHUTTERSTOCK）

　　每一小块黄油赐予我们的快乐应归功于数不胜数的四条腿的雌性牲畜。自幼崽降生，母畜的乳房便开始泌乳，并能维持多月，这使我们可以长久地获得乳品。黄油生产者从每天获取的大量动物乳汁中提取最醇厚的部分——奶油，然后搅拌得到固体，这便是黄油。（也可以搅拌全脂非均质乳得到黄油，但过程要长得多，且不易控制。）

考虑到怀胎和泌乳的起因，有人会说黄油实际上起源于性，通常情况下指的是公牛与母牛幽会后，后者产下牛犊。一个多世纪以前，情形确实如此。但自从牲畜的人工授精实现之后，这一与性的关联就不再是必然的了。只有某些小型乳品厂（包括山羊和绵羊乳品生产者），或受固有观念影响，或受客观条件限制，仍然依赖动物交配来实现妊娠及泌乳。其他的乳畜则甚至从未见过一个雄性伙伴（公牛、雄鹿或是公羊），更不用说与之交欢了。

尽管世界上有许多物种因分娩而产乳，但没有哪个物种的泌乳量能够与成为乳畜的那些牲畜相提并论。奶牛自不必说，除此而外，乳品生产者可依靠的还有来自绵羊、山羊、牦牛、水牛和骆驼的乳汁。所有这些动物均属于一个产乳优胜者种群，叫作反刍动物，它们共同拥有一些独特的解剖学特征：胃有三个或四个胃室，口腔上方没有门牙而有一个"牙板"。正是这些用于采食和发酵植物的独特生理构造使反刍动物成为行走的加工厂，能够将整片草场转化为富含乳脂的乳汁。反刍动物多种多样，它们的乳汁也各有千秋。比如，绵羊乳的脂肪含量是牛乳的两倍；山羊乳所含脂肪分子比牛乳的更小、更易消化，但因为缺少胡萝卜素，而使得山羊黄油呈现白色；牦牛乳的乳糖含量比牛乳低，但蛋白质含量高于牛乳；骆驼乳与山羊乳的成分相似，但维生素 C 含量可高达后者的三倍；水牛乳的脂肪含量则是牛乳的两倍。

干酪生产者历来善于利用各种乳的特质，看看琳琅满目的干酪货架（牛奶酪、山羊奶酪、绵羊奶酪、水牛奶酪）就明白了。但对绝大多数黄油生产者而言，牛乳仍然是必备条件。世界各地都能找到用其他反刍动物的乳制成的美味黄油（我的最爱之一是印度的水牛黄油），但从实用角度看，奶牛是最丰裕、最可控和最价廉的乳脂来源，在现代社会尤为如此。14 世纪一只奶牛的平均乳产量是每季 140~170 加仑，21 世纪的黑白花牛（Holstein cow）的平均乳产量则高达 2574 加仑。中世纪的乳产量如此之低，一个原因是牛犊分得了部分牛乳，另一原因是挤奶由挤奶工在牧场上完成而非使用机器。但更重要的原因是，牛的价值主要体现于农田畜力，乳源只是其附带功能。直到两百年前，人们才开始为提高乳产量而改变喂养或饲养方式。一代代的现代奶牛不得不经受高效的机械或自动挤奶设备、延长的泌乳期以及合成激素。

　　然而，丰产并不保证品质。黄油生产者对奶油质量加以持续监控，以免出现纰漏，他们心里很清楚，奶油是一种任性多变的原料。与乳一样，奶油也体现了乳畜体内和体外环境变动不息的历程，而每一批次都会将此转嫁到所制成的黄油中去，影响后者的色泽、密度、乳脂含量、气味、甜度以及风味细节。

　　专业的黄油生产者会察看、嗅闻和测量这些微妙的差别，并相应地改变工艺（见第 8 章），但是，奶油是否具有某些微观化学和物理特性最终决定了黄油是平淡无奇还是不同凡响。某种意义上，在品尝一块上佳黄油时，你所体验的是隐藏在产乳反刍动物体内的一个生态系统的灵敏的运转方式。这个内部机器先于乳品厂里的一切加工流程而启动。和自然界的多数结构一样，它精巧而复杂。

本质上说，雌性反刍动物为产出乳脂而实施了一长串的消化策略，简单说就是动物身体纳入了植物饲料后发生了化学反应。

放牧的奶牛每天两次在挤奶房释放的富含奶油的乳汁起源于畜棚之外的草场，在那里它进食不同栽培品种的草类和豆科植物，以及一些野生开花植物。如果哪天胃感觉有点不对头，那么它也会啃食某些芳草或灌木；只要牧场上长有它需要的治疗性植物，那么奶牛就会自我用药。奶牛吃草的情形是这样的，当它看到一丛青草——运气好的话，也许是一片可口的苜蓿——它会用舌头卷住一束。然后用下齿和厚厚的上齿龈（前文提到过的牙板）夹紧草束，将其刈断。（如果奶牛能够咧嘴大笑的话，你会看见它没有上门牙，只是黑色粗硬的一块。）草入口后被唾液润湿，然后吞咽下去——但只是暂时的。这团濡湿的青草混合物存储在瘤胃即第一个胃室里，最终又会返回到它的口中。但在此之前，它会继续在牧场上啃食和吞咽半个小时左右。如果草质柔软、长势繁茂，那么它一次能够摄入80~90磅的新鲜植质，相当可观。

之后，我们的奶牛会找一个惬意的地方安顿下来，通常是与牛群里的其他伙伴倚靠在一起，并且身体几乎总是向左侧倾斜。（奶牛采取这种姿势时更加舒服，原因不明。）这时，它就开始舒适地回吐和咀嚼之前吃进的所有食物。这个循环的过程就是通常所说的反刍，奶牛对此非常享受。它会反复地将瘤胃中的食团也就是一小团浸透唾液的青草回吐到口中，然后用臼齿从一侧向另一侧咀嚼（不同于人类咀嚼时的上下运动）这团湿透的植质，从而将叶、茎和其他植物部位缓慢地分解为更细小更易消化的片段。

这个浸解的过程很长。放牧的奶牛生活中没有快餐。反刍需要花费许多小时和大量唾液（奶牛每天会产生 10~40 加仑唾液），当进食的植物是野生的并且生长了数月时，就更是如此。通过反刍，植质被切断和捣碎（质地很像拉伸的猪肉），从而把所有的营养成分从植物纤维中解放出来，等候消化。

如果奶牛进食完全依赖牧场，那么它一般每天要花大约 8 个小时觅食，再花 8 个小时反刍，余下的时间用来休息。（平均而言，奶牛的瘤胃可以容纳半消化的食物多达 50 加仑。）如果吃的是干草饲料——这在冬季或密集型的工业化奶牛场是常见现象，那么它的进食时间可以缩短一半。

机械性的反刍和浸解是后续奇迹发生的先决条件，是一道生物谜题的答案：反刍动物何以能将脂肪含量很低（一般只有3%）的植物性食物转化为脂肪含量 8 倍以上（因牲畜而异）的乳汁，从而向我们提供富含乳脂的黄油原材料。某天下午，在威斯康星大学动物学专家丹·谢弗（Dan Schaefer）博士乳白色墙壁的校园办公室里，我向他道出了上述疑问。他在回答前停顿了一会儿，因为不常被要求向非专业的爱好者解释这一研究生层次的问题，教授显然在斟酌措辞。

我最终从教授的慎重解释里梳理出了答案。奇迹始于反刍动物

的四个胃室内部的细菌王国。奶牛的青草大餐沿着一条管状结构
也就是它的食道坠入它的四重胃室之中。

当食物到达后，一大群微生物便紧紧抓住这些已部分削弱的植
物纤维，然后发动一场酶的进攻，将细胞壁分解。"它们不得不这
样做，"谢弗博士指出，"因为胃里没有氧气，所以它们总是渴望
得到能量。"纤维被摧垮以后，其他的微生物角色投入战斗，牢牢
抓住结构紧密的碳水化合物和蛋白质，将它们撕裂为糖、肽、氨
基酸等极小的基础成分。（如果你好奇"草饲"奶牛吃下的草都去
哪儿了，答案就是：微生物液。）因为奶牛的大胃里没有氧气，所
以这场消化之战一直以发酵作用进行着，与啤酒生产不无相似。

这一生物化学反应是最终实现黄油芳香而美味的关键。当草质
分解为最基本的成分——像手链一样连在一起的碳氢分子时，其
他细菌便一拥而入，将它们重组为脂肪化合物，叫作挥发性脂肪
酸（volatile fatty acid，缩写为 VFA）。（不要被 volatile 这个词误
导[①]；这些脂肪酸在乳汁生成方案中都是些好家伙。生化学家用这
个词是为了标明化合物快速变化的特征。）

挥发性脂肪酸不仅对奶牛生产乳汁至关重要，对它的体格成长
也相当关键。它们是六个或更少的碳原子相连的短碳链，是奶牛
生存所依赖的生物辛烷燃料。"动物供给微生物，微生物又供给动
物。"谢弗博士简明扼要地总结了两者相互共存的特点。而我们也

---

① volatile 在英语中有多个含义，可以形容人情绪、性情、脾气等多变，可以形
容物质易挥发、汽化，也可以指情况动荡不定。

具备了制作黄油的必要条件。

　　教授的讲解让我基本上搞清楚了从草到黄油是怎么回事，但是问题又来了：吃的是一样的东西，牛乳（及黄油）的脂肪含量和脂肪成分却因奶牛的品种而异，这该作何解释？为什么根西牛（Guernsey cow）的奶与黑白花牛的奶不同？我穿过校园去把问题抛给了谢弗博士的同事，乳科学系教授劳拉·赫尔南德斯（Laura Hernandez）博士。她专攻泌乳生理机能，对乳房（奶油的生产地）的内部工作机制相当了解。不奇怪的是，她的办公室架子上摆放了超过两打的奶牛小塑像。

根西牛的牛乳富含胡萝卜素，因而出产的黄油呈现深黄色。
（图片来源：WIKIMEDIA COMMONS）

　　"只有大概一半的脂肪来自于进食，"赫尔南德斯解释道，"其他的是从奶牛自身体脂肪调用过来，在乳腺当中合成为乳脂肪。"

乳腺中驻扎的细胞像红娘一样，将短链脂肪酸一个一个地对接，合成长链的脂肪酸。但是这些生物项链的长度差别很大。而正是这些脂肪酸链的长度和类型上的差异部分地解释了为什么不同奶牛的奶油存在稍许差异，有的要略胜一筹。进食固然是某些奶牛的奶油取得优胜的重要原因，但它们的身体构造也是相当关键的因素。虽然食物来源相同，健康状况也相当，但是有些品种就是更善于链接脂肪分子，因而能够产出更多的或味道更好的奶油。

即便如此，对于希望生产出质量优良的奶油的奶农，选择奶牛品种也绝非易事；除了乳汁的成分以外，选择品种时还需要考虑许多其他因素：气候、成本、挤奶频率、草料存量、牲畜的性情、耐劳性和体型，所有这些都需考虑，以及农场打算向市场推出的产品类型。另外，由于日复一日地与牲畜相处，奶农也有一些个人的偏好。"以我个人的经验，泽西牛有点太挑剔了，公牛可能会比较凶。"斯特芬·施奈德（Steffen Schneider）告诉我。这位农场主负责掌管位于哈得孙河谷的霍索恩河谷农场（Hawthorne Valley Farm），这家农场方圆400英亩，集生物动力奶牛场、乳品厂和蔬菜种植基地于一体。在去威斯康星的途中发现了瑞士褐牛（Brown Swiss cow）后，施奈德逐渐从黑白花牛转换到吐司色的瑞士褐牛。"它们的脾气非常平和。"他说。

鉴于乳产量决定了许多大型奶牛场的成败，在美国养牛业，黑白花牛一直是最常见的奶牛品种。它被培育为乳产量的绝对冠军

（每年多达 72000 磅），但出产的黄油未必最多或者最好。它的奶油能搅拌加工出足够好的黄油（多数成为廉价的超市品牌），却并非手工黄油（或奶酪）生产者的首选。这些乳品手工艺人将目光投向其他的奶牛品种，希望寻觅到他们的理想奶油：乳脂肪含量高，乳固形物含量高，具有新鲜浓郁的芳香。有些人甚至走得更远，比如富有开拓精神的大厨兼农场主丹·巴伯（Dan Barber），他曾经将他的每头奶牛的奶油分开搅拌，希望从中找出制造了最佳"单乳房黄油"的那头奶牛。

各个品种的奶牛及它们所产的奶可能存在诸多差异，但之间的界限正变得越来越模糊，原因在于人工授精的标准做法已经实施了若干代了。"现在已经很难找到纯种的奶牛。"施奈德承认。

动物身体或许是驱动乳脂肪生成的车辆载体，但我很快发现动力系统中的燃料也对搅拌的成果施加了不小的影响。同时，我也了解到奶农在谈论用什么喂养他们的产奶牲畜时有一套自己的语言。与我交谈的农场主们嘴里习惯性地抛出 forage（草料）、silage（青贮饲草）、haylage（半干青贮饲草）、baleage（压捆塑装的青贮饲草）、alpage（高山夏牧场）之类的词汇，以及更加新奇的 forbs（非草类的草本植物）、silvopasture（林牧兼作），甚至还有用作名词的 browse（灌木和林木的茎叶）。所有这些词汇集合成一个包括新鲜和发酵食物的异常丰富的反刍动物植食菜单。

这套行话证明我此前有关牲畜饲养的观念是错误的。我一直以为，它是一件再简单不过的事。把牲畜放到绿草茵茵的牧场上，剩下的就交给自然吧。毕竟，要吃的就可以从大地上吃到，还有什么事比放牧更简单呢？理论上这是对的。然而实践上，反刍动物往往需要额外分量的草料或谷物，以从中汲取足够的能量和蛋白质，保证乳的产量和质量。（每个乳分子都基于蛋白质构建而成；如果奶牛的食物供给不能满足其乳房对基本成分蛋白质的需求，那么它的乳产量就会迅速降低。）

因此，如果畜群的进食依赖于牧场，那么土地本身应得到农场主的重视。他应该精通农业管理，其中涉及轮牧、播种、杂草控制、土壤酸性控制、土壤试验等多个环节。在一家爱尔兰奶牛场，当我跪下用手指拨拢浓密柔软的牧草时，场主跟我说，他实际上把自己当成一个种植牧草的农场主。"我照顾好了这些草，它们就会照顾好我的牛。"他留心观察，当牛群将一块地的牧草吃到某一程度时，他就将它们转移到另一块地。"这可以使它们排泄的天然肥料均匀分布到牧场各处，"他解释说，"差不多一个月后，当它们回到这片草场时，牧草又重新生长起来，供它们一饱口福。"

那次爱尔兰之旅中我尝到的黄油呈现水仙花一般的鲜黄色，这一明亮的色调是进食了鲜嫩丰裕的牧草的结果。新鲜健康的牧草富含 β- 胡萝卜素———种黄色色素和抗氧化物。（我们无法在植物中看见它，原因是它被绿色的叶绿素掩盖了。）奶牛吃进 β- 胡萝卜素后，将其储存在自身的体脂肪中。当它调用体脂肪去造乳时，β-胡萝卜素也随之进入乳脂肪。但为什么乳汁是白色的呢？这是因为色素被包裹脂肪球的一层薄膜所遮掩了。但是，搅动——比如制作黄油时的搅拌——会破坏这层球膜，释放出色素。β-胡萝卜素的黄色便在乳脂中显现出来，而在酪乳排出后会看得更加分明。（一些由其他畜乳制成的黄油，如山羊黄油、水牛黄油，呈现天然的白色，这是因为这些动物不像奶牛和牦牛那样将β-胡萝卜素储存在体脂肪内，而是将之转化为维生素 A，而维生素 A 是无色的。）

　　色泽并不是牧草受到乳品生产者青睐的唯一缘由。出于理想风味的考虑，某些欧洲农场主被禁止使用发酵的贮存干草（如青贮饲草或压捆塑装的青贮饲草）或配给饲料来喂养乳畜。欧盟的明星食物认证项目 PDO（受保护的原产地名称）对某些地域性的传统乳制品如奶酪和黄油的生产有着严格规定，细致到牧场或饲料槽里的食物构成。PDO 可以指定奶牛饲料仅限于新鲜牧草或干草。以法国诺曼底的伊西尼（Isigny）地区的 PDO 黄油为例，其原料乳只能来自放牧于该地区滨海湿地的奶牛；那里的牧草富含碘和其他微量元素，赋予了伊西尼黄油一种独特的风味。

荷兰的土壤改造

· · · ·

　　17 世纪，小国荷兰成为世界上最先进的海上强国和乳产大国，其原因之一在于荷兰农民为放牧所独创的土壤。那时的荷兰奶牛据说体型更大，出产"大量牛奶，以之制成上等黄油"，英国外交官威廉·阿格利昂比（William

Aglionby）如是描述。为创造肥沃的牧场，勤劳的荷兰人采集粪肥、城市街道垃圾、鸟屎，以及商业废料如制皂的余灰。他们从都市区搜罗来所谓的夜间土壤（婉语，即人的粪便），以此增补牧场土壤的肥力。这一时期被称为荷兰历史上的黄金时代并非完全巧合；这不仅仅是一个经济上取得辉煌成就的时代，而且据阿格利昂比所言，它还为荷兰人从英国人那里赢得了"黄油盒子"的诨号，心怀嫉妒的英国人诋毁他们的对手"总是抹得哪儿都是，并且由于［他们的］粗莽，必须［将他们］熔化分解。"

黄油质量还受到季节性迁移放牧的影响，这种牧民和畜群的有组织迁徙历史悠久，现今依然存在于世界各地的山区，而在欧洲尤为常见。季节性迁移放牧严格遵从季节和海拔；牲畜被送上高山牧场，在那里它们啃食各类野草与野花，从春末吃到夏末。当温暖的月份即将过去，严寒和冰雪的威胁逼近，畜群则被带往低地的山谷或平原，在那里度过秋冬两季。现在的季节性迁移常常以更务实的方式进行，即用卡车在高地和低地之间运送牲畜。但在许多农村，传统的步行迁徙仍然存在。在这些地方，又常常以巡游和庆典来向牲畜及它们丰饶的时令乳产献上敬意。

高海拔野生牧场赋予奶、奶酪和黄油的感官益处（滋味、香味、色泽和质地的全部体验）历来为牧民所熟知。现在则进一步了解到，高山放牧也会带来营养上的好处。徜徉于高山牧场的牲畜所产的乳含有明显较多的所谓优质乳脂，即共轭亚油酸（CLA），它有助于增强免疫系统、促进新陈代谢。（赫尔南德斯博士认为，对于食用青贮饲料的奶牛，通过优化其营养摄入也能提高乳中 CLA 的含量。）但对无缘高山牧场的我们来说，幸运的是，天然牧场的丰饶与多样也是成就健康的非凡要素。在任何海拔高度，自由食用春夏两季草料的牲畜出产的黄油都是更健康的。

在实行季节性迁移放牧的法国比利牛斯山区，牧民按照传统巡游牲畜前往高山牧场。
（图片来源：马丁·卡斯特兰［Martin Castellan］）

　　至此，可以清楚地看出大自然是多么不可思议的一位乳脂肪设计师。植物和动物联手创造出了黄油的美味醇香。然而，没有人类，乳脂肪也就不可能被搅拌到无法返回的地步，那时它分离出金色的油粒，漂浮在白色的酪乳液体中。黄油是人类的发明，我们不渴望得到它，它便不会诞生。不过，跟许多史前的食物发明一样，它最早的出现也是完全出于偶然。

2

早期的搅拌：
从意外到常规

对付吞食水蛭的病例，黄油是惯用药物，辅以炽热铁器加热的醋。事实上，黄油单独使用时也是解毒良药，在无法取得植物油时，它是绝佳的替代品。黄油与蜂蜜同用，可治愈马陆施加的伤害……对于其他种类之溃疡，黄油可起洁净之效，并可催生新肉。

——老普林尼（Pliny the Elder）

《自然史》，公元 79 年

像大多数美食爱好者一样，我也曾到遥远的地方去做各种各样的美食朝圣。但在几年前，当我踏入爱尔兰的科克黄油博物馆时，就像是找到了我一直梦寐以求的东西：一大桶一千多年前的爱尔兰黄油。透过保护玻璃我端详着它坚硬的石化形态，惊叹不已；装在树干凿成的木桶内的黄油，其出产年代比哥伦布驶向新大陆的时间还要早几百年。彼时，爱尔兰刚刚摆脱数百年的部族战争和维京人的侵略，正在兴起为一个国家。战争和劫掠恰好解释了为什么这桶黄油深藏在泥炭沼中，侵略者们找不到，自然就无法盗走。

　　这桶泥炭沼黄油虽然年代久远，但考虑到黄油起源于史前，所以它仍旧是相对晚近的产物。到底人类制作黄油始于何时何地，对此的争论从未停歇过，但大多数人类学家同意，黄油的发明者是新石器时代的先民，也就是第一批成功驯养了反刍动物的人类远祖。当这些早期的家庭掌握了产乳的牲畜之后，下一步自然就是生产各种各样的乳制品了。

　　我们永远无法确知细节，但场景可能是这样的：在一个春天的早晨，一位牧民正在挤奶，用他惯常使用的一只紧密缝制的动物皮袋做贮存的容器。白天，皮囊放在阴凉的地方，奶开始缓慢发酵。当夕阳西下，夜晚来临，下降的温度又使奶液进一步冷却。翌日凌晨，牧民赶着畜群前往新的牧场，他将冰凉的皮囊系在其中一头牲畜身上。旅途颠簸，皮囊中的奶液有节奏地前后晃荡，持续一个小时以上。低温以及细菌作用后的微熟状态，是搅拌乳脂的理想前提条件。没过多久，牧民的奶液就分离成了浑浊液体（酪乳）中漂浮的厚黄油片。

　　还有一种不那么浪漫但也可能的情节——基于奶酪先于黄油产生的假设——无意中搅动的并不是全脂奶，而是从绵羊奶酪凝乳中沥出的乳清，之后从中浮出了块状的黄油。（一些传统乳品场依然采用这套工序生产绵羊和山羊黄油，即把黄油当作奶酪生产的副产品。）

　　不管上演的是哪种剧情，牧人一开始或许会诅咒那些起块的液体，但我们都知道故事的结局是什么。惊讶于黄油颗粒的醇香美味，他必定认为这东西是诸神施法的结果。面对这神明的恩惠，他，喜笑颜开（我爱这样想象）。

最终，我们的这位先祖和他的族人也发现，香浓的乳脂肪不仅可以吃，还能用于烹饪，用作燃料和医药。在取得这些突破之后，生活在中东、印度河谷、非洲等高温地区的早期定居者紧接着意识到，如果长时间煨煮黄油，其中的水分就会蒸发掉，乳固形物就会沉积，留下一层乳脂油（即通常所谓的酥油），而这可以在环境温度下保存很久。为了不浪费一切可以吃的，史前奶农试着品尝剩下的酪乳，要么当作一种提神爽口的饮料，要么作为简易的低脂奶酪的原料（现在世界上不少地方还这样做）。通过将液态乳转变为如此多样的"增值"产品，史前牧民创造了最早的乳制品加工业。

你或许无法认出世界上最早的黄油。它们首先不是产自牛乳，而是产自绵羊、牦牛和山羊的乳。牛在人类驯养各种牲畜的历史进程中是相当滞后的。早在公元前9000年的时候，在今天伊朗的那片地区，人类先民开始畜养绵羊和山羊，由于它们的体型不至令人望而生畏，并且性情偏好安逸，所以最先被人类驯服。驯化的山羊还成为近东地区先民的除草机，灌木丛生的土地经它们啃食清理后，便可用于耕作。它们将粗糙的植食转化为方便食用的优质肉奶。而山羊皮也因其不渗透性而制作成为绝佳的贮奶器。

又过了几千年，人类开始驯养牛属和其他野生牛类。虽然长着美丽大眼睛的奶牛现在是全世界的乳业标志，但在远古时期这一四蹄动物并没有一统天下。数千年里，其他反刍动物——骆驼、驯鹿、马、牦牛和水牛等——同样是宝贵的乳生产者，特别是在奶牛无法生存的那些地区。

其他畜乳的搅拌

在炎热干燥的撒哈拉沙漠，骆驼最早成为沙漠游牧部落的唯一奶源，现在仍是沙漠居民的乳畜选择。生活在阿哈加尔（阿尔及利亚撒哈拉）的图阿雷格人依然以骆驼奶为基本食物，他们有句老话："水是灵魂，奶是命。"

联合国粮农组织的一份报告，R. 雅吉尔（R. Yagil）的《骆驼和骆驼乳》描述了撒哈拉地区一种制作骆驼黄油的原始方法："将骆驼奶倒进稀薄光滑的山羊皮囊，静置 12 小时。这个皮囊从不用水洗……冬天，为达到制作黄油所需的最佳温度，常常把皮囊埋进温暖火源近旁的地里。这有助于发酵。当皮囊中形成一半体积的酸奶时，开始搅拌。将空气吹进皮囊，头部扎紧。把它挂在帐篷杆上，飞快地来回甩动。搅拌者在清晨完成工作，所获黄油的量取决于他的技能高低。"

骆驼黄油通常含有很多杂质，如沙子和驼毛，在当地的恶劣气候里会很快变质。所以长期以来，为延长骆驼黄油的保质期限，游牧民会将其加工过滤成酥油一类的乳脂油。

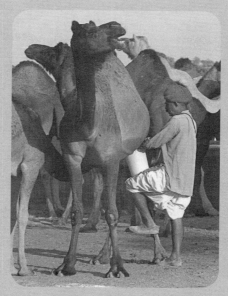

拉贾斯坦邦的一家驼奶场在挤骆驼奶。
(图片来源: 尼克·肯布尔 [Nick Kembel])

在纬度更高的北方, 牦牛最早被史前中国的羌人驯服, 他们在 15000 多年前游牧于高海拔的青藏高原。体型硕大、适应力强的牦牛是羌人的救星。它们能够满足多种生活需要: 作为役畜, 供给奶、黄油、毛、皮和肉; 在林木线以上区域, 牦牛粪还是生火的燃料。对于生活在喜马拉雅山脉和青藏高原的林木线以上地区的居民和游牧民而言, 牦牛始终是关键的食物来源和生存之根本。

公元前 3700 年左右, 波泰人生活在中国以西今天的哈萨克斯坦北部地区, 马是他们饮食的主要来源。马像反刍动物一样吃草, 但并不反刍, 也没有四个胃室的胃。尽管如此, 母马还是为先民提供了足够分量的可食用的马奶。波泰人不仅挑选本地的骏马用于运输, 而且日常性地挤马奶来制作一种特色发酵饮品——马奶酒。

　　在欧亚大陆的北极和亚北极地带，野生驯鹿的驯化至少可上溯到 3000 年以前。驯养驯鹿的游牧民族萨米人是斯堪的纳维亚地区唯一的原住民，他们的祖先在上一个冰河时代末期追随后撤的冰川北上，从此在北极地区生活下去。19世纪的旅行者克鲁兹 · 莱姆（Knud Leems）在一则日记中描述了当地自史前时代以来就一成不变的制作驯鹿黄油的方法："黄油也可以用驯鹿的奶制作，其成品呈白色，不如奶牛黄油香浓可口……那位拉普兰妇女坐在地上，将盛满奶油的碗放在腿间，然后用手指搅动奶油，直到它最终黏稠生成黄油。"这是名副其实的手工黄油：萨米女人的冰冷手指飞快地转动，起到了类似搅拌器的作用。对这些早期的北极黄油生产者来说，驯鹿奶 22% 的脂肪含量可谓相当丰厚。

驯鹿的乳产量很少，但其脂肪含量却非常高。（图片来源：纽约公共图书馆艺术与图片藏品部。
"挤驯鹿奶"，刻印于1835年。获取自纽约公共图书馆数字化藏品库）

　　新石器时代以降，黄油愈发不再是意外偶得，其粗陋的制作工艺亦在缓慢改进。装牛奶的动物皮囊不再栓挂于动物脊背，而是像吊篮一样悬挂于树杈，或者两端支起的坚实横木，或者三根木头相抵的中点。如此便能方便地来回摇晃皮囊，搅动牛奶，生成黄油。今天中东、北非的一些偏远的小地方仍在使用这种原始方法。

　　公元前 2500 年的苏美尔人使用特制的陶罐盛装牛奶，并用形似掸子的搅杆（英语里叫作 dasher）搅拌牛奶。在非洲的许多地方，中空的葫芦成为最早的黄油搅拌器，因为它们的圆形底部非常适合来回摇晃牛奶。

　　进入铁器时代，随着另一畜牧民族吠陀雅利安人在印度河谷和北印度的扩张与兴盛，黄油制作经历了一次巨大的地区性繁荣。这群今天印度人的先祖用全脂发酵酸奶（dahi）手工制成无盐黄油

一些偏远的游牧部落仍然在用山羊皮囊搅拌黄油。（图片来源：法雷尔·詹金斯 [Farrell Jenkins] / bibleplaces.com）

（makhan），作为他们的主要食物。他们利用脂肪含量较高的水牛奶做出上好的黄油，由此又提纯出酥油。

　　到公元 1 世纪时，黄油在已知世界的多数地区已属常见之物，但也有显著的例外。整个地中海沿岸，橄榄油是绝对的食物脂肪（今天依然如此）。在该地区，橄榄油自有其经济上的意义，因为适宜于橄榄树生长的地形——陡峭的石灰岩山坡、稀薄的土层、干燥的土壤——对于畜养奶牛是极不适合的。脚步稳健的山羊和绵羊虽然能够在灌木牧场上健康成长，但它们宝贵的奶一般用于生产奶酪。只有靠剩余乳清中残留的脂肪制作少量黄油。另外，黄油在地中海沿岸名声不佳，原因是统治该地区的希腊人及罗马人将它与北方的"野蛮人"联系起来。

战斗民族的黄油

　　公元前 4 世纪的希腊喜剧诗人阿纳克桑德里德斯（Anaxandrides）在一部剧作的诗行中把色雷斯敌人（声名狼藉的特洛伊人的嗜杀盟友）称为"食黄油者"（boutyrophagoi），似乎食用黄油印证了他们的粗鄙野蛮。黄油于这些战士是必不可少的，不光是食物，也用于沐浴。"许多寒冷地区的人们没有橄榄油，便用黄油来洗浴。"罗马帝国最善于观察的医学权威克劳狄乌斯·盖伦（Claudius Galen）如是记载。还有一些早期的劫掠者喜好在头发护理上使用黄油，这可见于 5 世纪的罗马主教和诗人希多尼乌斯·阿波黎纳里斯（Sidonius Apollinaris）的记录，他谴责了入侵的高卢士兵的习俗："我被迫听野蛮的日耳曼话，又身不由己地为一个醉醺醺的勃艮第人的曲子欢呼，而他的头上散发出变质黄油的臭味。"

⋯⋯⋯⋯⋯⋯⋯⋯⋯⋯⋯⋯⋯⋯⋯⋯⋯⋯⋯⋯⋯⋯⋯⋯⋯⋯⋯⋯⋯⋯⋯⋯⋯⋯⋯⋯⋯⋯⋯

　　尽管希腊人或罗马人绝不屈尊去食用黄油，但他们的确在自己的药箱里给黄油保留了一个位置。盖伦为黄油的治病功效作保："我们也像用固体脂肪一样用它，将它与泥敷剂或其他药物调配。"

　　拜占庭医生安提姆斯（Anthimus）在其 6 世纪的著作《饮膳法则》中特别指出了药用黄油的种类："治疗瘰病（肺结核）必取新鲜黄油。黄油须完全不含盐分，否则功效全无。取纯净新鲜之黄油混以少量蜂蜜，卧躺，间或舔舐之。"（不说别的，这做起来倒是简单。）

　　古埃及人的黄油用途迥然不同，他们用它来为死者美容。为使皱缩的尸体变得更加饱满、形同生人，他们想出五花八门的招数，用木屑、泥土、沙子和黄油等各式填料衬入皮下区域。这些填料一般通过口腔或皮肤的切口塞入（这与如今的肉毒杆菌素注射不无相似！）。

　　同时期，在欧亚大陆的另一边，绝大多数的早期中国族群，除生活在极北的以外，都甚少见到黄油，更不用说吃了，在他们眼中，乳制品完全是反常之物。一些历史学家提出一种理论，认为乳制品在该地区罕见的原因是中国人对乳糖高度不耐受。（但这也是个鸡与蛋孰在先的问题，相反观点就提出，也许中国人乳糖不耐受是因为他们未能发展出乳品文化。消化乳糖所需的酶随年龄增长活性会自然下降，但生活在发达乳品文化中的人经过后天的适应已能终身消化乳糖。）其他的观察者如食品科学作家哈罗德·麦吉（Harold McGee）在其著作《食物和烹饪》中猜想，乳品生产在中国从未起步，原因在于中国农业区的野生植物对反刍动物是有毒的。即便如此，在中国农业的诞生地黄河流域中心地带，乳制品也并非全不存在或遭抵制。通过边境贸易，北方蒙古地区游牧民族的乳品文化得以向南扩散，因而早期中国人也认为小分量的乳制品可以消化而提供营养，尤其是在加热或发酵之后。中国人的乳奢侈品包括一种发酵脱脂奶、一种与农家奶酪相似的新鲜奶酪、凝脂奶油，以及类似酥油的乳脂油。

　　征服的铁蹄也改写了早期世界黄油的疆域。在中世纪早期的盎格鲁—萨克逊地区，黄油一般产自绵羊奶，这是罗马统治的遗迹。该地区也饲养奶牛，但主要功能并非产奶，而是繁殖耕牛。绵羊则提供了四种宝贵的产品：羊毛、油脂、奶和肉。羊乳制品是罗马化不列颠人的乳供给系统的幸存部分，而黄油仅是绵羊奶酪制作的一个次要的副产品。绵羊黄油的产量极低（每生产100磅奶酪才产出大约2磅黄油），也只有贵族或大乡绅才能享用。因而，在这个时期黄油称得上是奢侈品；一直到了中世纪盛期，当羊毛产业和乳品产业更加独立，这一地区的乳品体系才由绵羊转向奶牛，从而促使奶牛黄油价格降低。嗣后，黄油便受到所有社会阶层的欢迎，其生产收益也进而高于奶酪。

3

神圣和宗教:
当黄油遇见形而上

瓦塔雅斯瓦（神话战士）之火是吉兆。它的指引温和有益，它的造访愉悦和善。起初，苏米特拉的族人在它之上泼洒黄油，使它燃起，火声霹雳，火光耀眼。正是黄油催使瓦塔雅斯瓦之火兴旺；黄油是它的食粮，是它暴涨的源泉。向它献祭黄油，为它浴洒黄油，它便蔓延铺开，闪亮如太阳。

——古老的《吠陀》经文

没有多少食物可以宣称在几千年的诸多宗教仪式中扮演了关键性的角色。但是黄油可以。自远古以来，人们就不单单把黄油当作一种食物或农产品。实用性以外，古代社会还尊崇黄油为一件政治的、通灵的、艺术的、象征的工具。为理解其来龙去脉，我向多位专家求教，其中便包括一位隐居在纽约上州的前佛教比丘尼玛丽·扬（Mary Young）。

扬是藏族黄油雕塑的专家，曾经花六年多时间拍摄了一部有关当代尼泊尔和印度的藏传佛教寺院的黄油雕塑实践的纪录片，名为《朵玛：古老的藏族黄油雕塑艺术》。影片记录了僧侣用黄油、面粉和／或蜡制成的"黏土"手工雕刻"朵玛"（torma）的艰辛过程。这些五彩缤纷的塑像造型各异、大小不同、姿态多样，作为献给诸神的供品，它们在密教仪式中使用。对藏传佛教而言，这些陈列在祭坛上的生命短暂的黄油雕塑是必不可少的。

　　扬给我播放了雕刻朵玛的片段，解释说："这些僧侣天不亮就开始干活，总是忙到深夜，每天如此，直到雕刻工作全部完成。"镜头拉近，展示出一尊玛尔巴译师[①]浅浮雕的玲珑手部的精美细节，玛尔巴是藏传佛教四大支派之一的创始人。正在雕像的是一位年轻的僧人——他盘腿坐在地板上，房间里挤满了热爱这门技艺的僧人和尼姑——工作时，他在一碗冷水中将手指和用于雕刻的黄油块降温。玛尔巴像只是为宗教节日特别制作的诸多神佛、宗师圆形圣像中的一尊。

　　佛教黄油雕塑的每一方面，从造型、色彩到纷繁众多的人物题材，都具有象征意义。每年，这个藏人群体敬爱的宗教领袖，十七世噶玛巴法王伍金赤列多吉都要提前几个月设想好陈列的所有塑像，并且绘制出来。"这使它们更加神圣，"扬补充道，"我们笃信噶玛巴是佛的完美化身。对他的虔诚是雕刻者的动力所在。这份工作给予他们无上的荣耀。"

　　我注意到她所说的黄油并非一般意义上的黄油。传统的藏族黄

---

① 玛尔巴译师（Marpa Lotsawa，1012—1097）：藏传佛教噶举派的创始人，藏传佛教史上著名的译经大师。

油雕塑用的是牦牛黄油和糌粑（tsampa，青稞炒面）的混合物（现在一些寺院仍然这么做），但是，在众多藏族僧尼徙居的印度，高温天气使得真正的黄油无法用于雕刻，也无法在节日期间长久保存。所以，如今的节庆黄油雕塑一般以酥油或人造黄油与石蜡、面粉混合作为原料；手工揉成面团，再加入足量的上好油性涂料，使雕塑得以呈现缤纷鲜艳的色彩。

西藏的宗教黄油雕塑可以追溯到佛教以前的萨满时代，但佛教黄油雕塑在该地区有一个明确的起点，那便是公元641年，大唐文成公主入藏嫁与吐蕃国王松赞干布。文成公主笃信佛教，她所携带的众多物品中便有一尊用于供奉的释迦牟尼像。为了向这件贵重的礼物和他们的新王后表示尊敬，藏人照搬来盛行于印度的佛教习俗——向佛陀像奉上六件供品：两种香、圣水、水果、佛光（蜡烛）和鲜花。但因不在花季，鲜花无处可寻，所以藏人——他们已经能够熟练地为自己的宗教仪式制作黄油雕像——即兴发挥，以牦牛黄油和面粉为原材料做了一束花，并用天然颜料上了色。一种佛教艺术形式便由此诞生了！

随着历史的发展，西藏的黄油雕塑也愈发复杂精细，尤其是在1409年宗喀巴大师为纪念释迦牟尼而创立祈愿大法会之后。传说宗喀巴在一天夜里梦见一片土地，那里荆棘变为明灯，杂草变为鲜花和无数奇珍异宝。他视此梦境为一无限广大的馈赠。为与民众分享，大师组织一群僧侣用黄油将梦境雕刻而出，并点燃成千上万的小酥油灯照亮它。现在每年的酥油花灯节到来时，西藏首府拉萨的街道便被无数的小油灯点亮，再现了"光明"的意涵，这些油灯用的便是以黄油或植物油制成的酥油。

对藏族僧侣来说，制作黄油雕塑是一项崇高的荣誉，但同时也是一件艰巨的任务。从古至今，他们不得不在零度以下的严寒冬日里工作，并将手臂浸入雪水或冰水之中，以防止在雕刻时导致黄油熔化。工作一连数月，这些艺人因此常会染上病症，冻伤手指，罹患关节炎和风湿病。但藏族僧侣忍受住了这些苦难，把它们当作宗教修行的必然步骤。今天，一些黄油雕塑依然是在极度寒冷的工作间里用牦牛黄油雕刻而成的。冬季的祈愿节日期间，在中国青藏高原的塔尔寺，一尊如橡树般高大的牦牛黄油雕塑坐落于寺院入口的内侧。冬去春来，这件煞费苦心完成的精巧作品便会缓慢熔化，由此象征着佛教的一条基本教义——生命转瞬即逝。

藏族黄油雕塑朵玛是佛教徒修行的圣物。
（图片来源：《朵玛：古老的藏族黄油雕塑艺术》，Ko Jung-Fa摄影）

藏族僧侣或许给了黄油最绚烂的用途，但远在他们之前，汉族佛教徒就已从这金色的脂肪中汲取了灵感，尽管当时它在中国仍属稀罕之物。早在 6 世纪，黄油制作过程就被视为修行的一种理想譬喻。天台大师认为，达摩（佛法）可以理解为灵魂转变的连续阶段，而这与从乳中提取酥油（"被解放的"黄油）不无相似。恰如从牛出乳，从乳出乳脂，从乳脂出黄油，再将固体黄油熔化，最后从熔化的黄油中提炼得到酥油，每一步的乳制品都象征着灵魂提升阶梯上的一级。[①]

佛教在公元第一千年流传至日本，后经由白隐慧鹤禅师[②]，黄油的宗教声名再度提升。禅师教导身体不调的弟子要约束心性，依如下方法冥想（诺曼·沃德尔［Norman Waddel］译）：

> 设想一块绵软的黄油，色香纯净，形状大小如鸭蛋，忽然放置在你的头顶。当它开始缓慢熔化，便赐予你一种精妙之感，由外而内湿润与浸透着你的头颅。它继续慢慢向下流淌……所有集聚在五脏六腑的壅塞……将跟随心脏沉入下身。这时，你会清晰地听到如水流自高而下的滴落之声。它会继续下沉，使双腿充盈暖意……它逐渐充满这弟子的下身，使他感觉肚脐以

---

① 此句前半部分应改编自《大般涅槃经》："譬如从牛出乳，从乳出酪，从酪出生稣，从生稣出熟稣，从熟稣出醍醐。醍醐最上。"

② 白隐慧鹤（Kakuin Ekaku，1685—1768）：江户时期临济宗著名禅师，中兴临济宗，开创白隐禅一派。

下如坐热浴盆之中，而盆中盛满稀罕的芳草药汁。

白隐禅师说，如果冥想精进不懈，那么身心便会达到完美的和谐，并取得显著的连带效果。他的教诲正是对以黄油冥修求得彻悟的承诺。

佛教徒并不是唯一在仪式中使用黄油的早期信仰者。从考古发现我们知道，苏美尔（现属伊拉克）人至少于公元前 2500 年就已搅拌和祝颂黄油了。一块保存良好的神庙饰带见证了他们神圣的乳文化：石灰岩的表面不仅刻有牛羊的造型，还刻有农人从事的各种乳品生产活动，包括搅拌黄油。苏美尔人的文字记载也显示出他们对黄油及黄油生产的崇敬之情。如杰里米·A. 布莱克（Jeremy A. Black）及其同事在《苏美尔文献电子文本库》中所收录的，苏美尔人写下了这样的文字："奶桶的震荡是为你而歌……教你满心欢喜。"

从苏美尔泥板书我们得知，牧人神杜木兹是一则爱情故事中的女神追求者，正是这则故事使得黄油成为苏美尔乌鲁克城的生活必需品。强大的丰产女神、四季和丰收的保护者伊南娜，宣布她将与农神恩金木杜而非另一追求者杜木兹结合。显然她喜爱谷物收获胜过乳品。但杜木兹为他丰饶乳产的价值进行了有力的辩护，这些乳品包括鲜奶、发酵奶、黄油或酥油，以及多种奶酪。他热情洋溢的证词赢得了女神的芳心，于是他们结为夫妇，由此形成了杜木兹—伊南娜崇拜，其信仰者相信只要向女神慷慨地献祭乳品，她便会保佑他们的粮仓，带给他们繁荣富足。这一信仰的主要仪式便是向神庙定期供奉黄油，以满足伊南娜的乳品需要。

印度河谷的吠陀雅利安人也将黄油作为宗教仪式的核心物品。在吠陀（宗教文献的合集，大部分现代印度神话的基础）中，有大量经文提及黄油的神圣性和象征意义（鉴于气候原因，指的很可能是酥油）。印度学家温迪·多尼格（Wendy Doniger）翻译了一首圣歌，演唱时伴以泼洒酥油于火的仪式，火苗噼啪作响、跃动翻腾：

> 这是黄油的隐秘之名，
>
> "神之舌""不朽之脐"。
>
> 我们将宣告黄油的名；
>
> 我们将供养它，献祭它，躬身向它。
>
> 黄油之涛，动如瞪羚逃离猎手……
>
> 黄油之流，轻抚燃烧的木头。
>
> 阿耆尼之火，爱它们，怒放心花。

吠陀中的一个经典譬喻是，酥油藏身于乳，宛如神圣的造物主蕴于万物。信仰苦功及其收获则对应着执意的搅拌与香浓的黄油产出；以火（即火神阿耆尼）加热黄油，使乳中最隐秘的部分——金色酥油——脱颖而出。

　　古代印度教神话中还有黑天神幼年的顽皮故事，这些恶作剧令他声名远播。最有名的要数他从左邻右舍盗取黄油，并利用神通逃脱惩戒。他将金色的赃物与众生分享，包括像神的宠物一样四处闲荡的猴子。直到今天，黑天信徒还亲昵地称呼他为"黄油贼"（makhan chor），并狂热地庆贺他的生日，这就是传统节日黑天神诞辰节（Janmashtami）。在许多地方，特别是在这个蓝色神祇的出生地马图拉，都以盛大的演出讲述他的故事，一同展示的还有各式灯火与黑天塑像。盛装凝乳和酥油的陶罐高挂在街头，人们叠起罗汉去竞相摘取，重演了小黑天爬上高处从悬垂的陶罐中偷得牛奶与黄油的情形。

古代印度教神话中，蛇神婆苏吉作为搅绳，曼陀罗大山作为搅杵，搅拌乳海，诞生了各种宝物。
（图片来源：Wikipedia Commons）

　　黄油也出现在圣经最早提及的一餐中。《创世记 18:1-8》讲述亚伯拉罕为三位天使化身（其中一位他认为是上帝）预备餐食。他

印度人每年举行黑天神诞辰节，庆贺小黑天偷盗黄油的嗜好。
（图片来源：hdnicewallpapers.com）

精心挑选了几样食物，其中黄油显然是配得上圣餐的。为赢得上帝的好感，老人是这样准备这顿好餐饭的："亚伯拉罕急忙进帐篷见撒拉，说：你速速拿三份细面，和一和，在炉子上烙饼。亚伯拉罕又跑到牛群里，牵了一只又嫩又好的牛犊来，交给仆人，仆人急忙预备好了。亚伯拉罕又取了奶油和奶，并将预备好的牛肉端来，摆在他们面前，自己在树下站在旁边，他们就吃了。"

这顿饭给亚伯拉罕带来了好运。从后续故事我们知道，他从此成为了世界三大宗教基督教、犹太教和伊斯兰教的元祖。

我通过挖掘古代文本来揭示人类祖先对黄油的形而上之爱，但也有人的的确确向地下挖掘，试图寻觅早期黄油仪式的踪迹。目前，从爱尔兰的多片泥炭沼已经出土了数百批埋藏的"沼泽黄油"，年代最早的可以追溯到公元前 400 年，最晚的则是 19 世纪末。几千年来，爱尔兰湿地一直是重要的黄油埋藏地，也包括苏格兰、芬兰和冰岛的沼泽，但这些地区发现的数量不及爱尔兰。凯尔特人在木桶中装满黄油，密封后用苔藓包裹，然后埋入地下。除木桶外，他们还使用很多其他的容器，从木管到动物膀胱应有尽有，但也有一些埋藏的黄油块连明显的包裹痕迹都没有。绝大多数沼泽黄油都是在人们开挖泥炭（泥炭干燥后可以作为燃料出售）时无意中发现的。

沼泽天然清凉、厌氧、酸性高，因而是保存一些有机物质的理想媒介。（许多出土的古代尸体正是在沼泽中木乃伊化的。）在尚无制冷技术时，凯尔特奶农很可能是倚靠沼泽来储藏和保存黄油的，否则它们很容易在温暖的春夏月份变质，而彼时正是奶油最为丰产的时节。沼泽下的潮湿、密封环境，以及酸性泥炭的抗菌性质，能够有效阻止黄油腐臭变质。所以，在丰产之时埋藏黄油，以备贫产之时取用，是较为明智的做法。同时，这大概也是一种防范黄油等被作为"食物租金"上缴给领主的安全措施。这些黄油标本能够幸存至今而重见天日，想必是因为主人想不起来它们的藏身之所，或根本遗忘了它们的存在，也或许是因迁徙、死亡等原因被留在了身后。

不过，近来对于沼泽黄油也提出了另外的解释，称其中或有部分是作为异教献祭而埋葬的。研究者在对早期沼泽黄油标本的相对年代和地点比对后，发现铁器时代的绝大多数沼泽黄油均发现于重要的地理边界。历史学家提出，至少有一些埋藏的黄油标本从不是为了日后取出，而是有意作为奉献的祭品。将财物作为馈献于神灵的仪式性祭品沉入湖河，埋入沼泽，是一种常见的史前活动——而在约公元前450年的爱尔兰，当古代祭祀阶层德鲁伊繁盛兴旺之时，此类献祭尤为普遍。与吠陀雅利安人和佛教徒一样，早期凯尔特人也将黄油作为一种必不可少的象征物。

比如，新制黄油是庆祝"春节"（Imbolc，发音近似"伊摩克"）的必备祭品，德鲁伊在这一天向掌火及司职医疗与生育的女神布里奇德献祭。制作黄油的动作——搅杵在乳桶中如阳具般抽戳——象征着对生育力的祈福，而这恰是这一天祭典的目的所在。搅杵也被用来制作布里奇德像，神像完工后会被巡游队伍举着走家串户。人们会在窗台上搁上一点面包、糕点、黄油或者粥，供路过的女神享用，可能还会为她的爱宠白牛献上一点饲料。有的人家还会在餐桌旁为布里奇德摆上一个位置。

同许多古代宗教仪式一样，凯尔特人的黄油异教习俗也完全是为了传递一种对命运、健康和好运的控制之感，同时也是一种对付那些令乡人又惧又敬的超自然"精灵"的方法。早期爱尔兰史料也清楚地表明，一旦事关乳品制作成功与否，便是邻人也逃脱不了怀疑的目光。一位本地"巫师"——毫无意外是一位农妇——能够运用魔法去盗取他人的"奶运"或"黄油运"。搅拌倘若仅仅产出浮沫或恶臭难吃的液体，也常被以为是巫术作弄的结果。由

于奶油被认为是"牛奶的上层"，所以诸如五月草地的朝露、井水
的表层之类的上层物便与农场的奶油联系起来。如果在春天的某
个特定的早晨穿过别人的土地，这位准盗贼便会受到控告，罪名
是"踩掉露水"，也就是践踏了他人的奶运。五朔节清晨从井中舀
出的第一抔水也被认为是会给黄油制作施法的潜在工具；最早舀
起这水的人便获得了当年牛奶和黄油的好运。如果水井是公用的，
那么邻居的乳品生产也会同样蒙福。传说，自五朔节前夜至五朔
节早晨日出之时，私人水井都会有专人把守，以防"上层之水"受
到任何魔法侵扰。（值得一提的是，爱尔兰语里有一句祝福他人的
老话"向您致以上层的早晨好"，其出处就和乳品生产有关；"上层"
是最浓厚美味的部分，就像奶油是牛奶的上层。）

搅呀，搅呀，搅黄油

酪乳到手腕，黄油到臂肘

搅呀，搅呀，搅黄油

酪乳到手腕，黄油到臂肘

搅呀，搅呀，搅黄油

这儿咕咚咕，这儿咔哧咔

这儿咔哧咔，这儿咕咚咕

这儿的东西好你想不到

这儿的东西胜美酒

搅呀，搅呀，搅黄油

歌鸫要飞来，乌鸫要飞来

山上迷雾要下来

布谷要飞来，寒鸦要飞来

鱼鹰老爹要飞来

搅呀，搅呀，搅黄油

——爱尔兰人搅黄油时所唱的传统歌曲

　　为预防乳制品遭不测之祸而采取的措施数量众多且要求严苛，作家简·弗朗西丝卡·王尔德（Jane Francesca Wilde）——著名作家奥斯卡·王尔德的母亲——对此辑录甚详。1887 年，她以笔名弗朗西丝卡·斯佩兰扎·王尔德出版了《爱尔兰的古代传说、神秘魔法和迷信思想》一书。此书成为一颗文化宝钻，因其罕见地收集了那个时代爱尔兰各地的老一辈农民的口述。书中记载的民间信仰便包括了农人护佑乳产的习俗：

为使牛奶免遭巫术荼毒，人们于五朔节清晨砍削花楸枝条，以其细枝缠绕奶桶与搅桶。如此，则巫师、精灵便无法盗走牛奶与黄油。但这项工作须在日出之前完成。万一黄油有失，可跟随奶牛去田野，集取牛蹄踩踏过的黏土；返家后，连同灼热的木炭和一把盐放在搅桶之下，如此这一年，无论男人还是女人，精灵还是恶魔，都不得染指你的黄油。此外还有其他方法可保黄油平安：在搅桶上捆绑一只马掌；在其侧面钉入一根生锈的棺材钉；将一个婆婆纳叶做成的十字架置于奶桶底部。但抵御巫术和恶魔法术的最佳卫士依然是花楸。

受烦恼与被诅咒

在惧怕奶运受到超自然威胁方面，爱尔兰古代农民可以找到同病相怜者。许多国家的民俗中都有大量有关奶牛和牛奶的规定和仪式，瑞典和挪威尤为显著。如果采取相应措施之后牛奶和黄油库存依旧遭殃，当事人或集体常常会设法找一个替罪羊来背锅——一般是女人和她所谓的巫术。（事实上，在欧洲和美洲殖民地的女巫庭审记录中便出现了此类控告，称黄油制作失败是被起诉的女人施法于他人搅拌器的结果。）

古代瑞典农妇用来保障她们的奶运免遭精灵和盗贼侵害的方法有：在挤奶前向奶桶中呼气，将奶桶从火上过三次。有些措施更为极端，尤其是鉴于一种流传甚广的观念，认为女巫与恶魔勾结后，无须踏入其他农民的地盘便能盗走他们的牛奶。根据瑞典人的传说，与恶魔的协议一旦达成，此人〔毫无意外是一个女人〕便会启动偷盗牛奶的仪式，她会裸身站立在高高的粪肥堆上，大声说出如下的咒语："极我呼声所及之乳皆属我。"

　　瑞典巫术的一些传说也旅行到其他国家。例如，奶野兔（mjolkhare）的故事同样出现在爱尔兰和挪威的部分地区。为了盗取他人的奶运和黄油运，作恶者会用树枝、羊毛、皮、指甲和人发制作一只毛绒绒的小野兔。接着将其"释放"到邻居的奶场，去喝光那里所有的奶；然后它便飞奔回家，把所有的奶呕吐到盗贼自己的奶桶里。奶野兔也会直接吸吮奶牛的乳头，传说这常常会在乳房上留下伤疤和瘢痕。显然，用普通子弹是打不死这只野兔的，只有银弹可以撂倒这只小畜生，据说随后它便垮塌为一堆树枝和稻草。

....

　　黄油在中世纪也承担了宗教方面的角色。根据强大的罗马天主教廷的敕令，斋戒日禁食黄油成为中世纪生活中彰显宗教美德和顺从品性的一项措施，但这也引发了热议与激辩。

　　中世纪基督徒在斋戒日禁止食用的食物一般包括所有的兽肉和禽肉、蛋类和乳制品（奶、黄油和奶酪）。13 世纪受尊崇的哲学家神父托马斯·阿奎那（Thomas Aquinas）支持此类禁食，理由是这些食物"〔比鱼肉〕给人的愉悦更多，对人体的滋养更多，因而其消化吸收便会导致精液物质盈余更多，而这会极大地刺激淫欲。"斋戒原本是针对僧侣的戒律，目的是帮助他们克制性欲、信守独身誓言，但最终却演变为所有基督徒都必须经常执行的规定。中世纪早期的斋戒日包括：每周的周三、周五和周六，宗教节日前一天，基督降临节期间的某些天，复活节前四旬期的每一天——加起来差不多有半年时间。

这样的禁食理所当然对中欧和北欧的基督徒更为苛刻，因为罗马和地中海地区的食谱中占主要地位的是橄榄油、鱼类、谷物和蔬菜。（值得一提的是，中世纪时食用植物油地区的许多人对黄油心存芥蒂。根据那个时代的普罗旺斯和西班牙旅行者的记述，在不得不前往或穿越乳产丰富的异国时，他们都想方设法自带橄榄油，因为他们认为黄油会让人更容易染上麻风病。）橄榄油和鱼类丰富的南方教区依然容许人们在斋戒期食用他们喜爱的多数食物，除了奶酪和蛋类。

相反，在橄榄油和鱼类稀缺的北方，奶、肉、奶酪、黄油和蛋类属于基本食物，禁止食用它们就等于强制绝食了。在这些地区，食用橄榄油的义务与进口橄榄油所欠的外债一样让人难以承受。更糟糕的是，许多昧良心的意大利和西班牙商人还把最劣等的橄榄油贩售到北部欧洲。

北方的宗教团体常常试图改变斋戒规定，尤其是希望黄油得到豁免，因为它在北方既是烹饪用油，也是一种食物。法国僧侣尽管禁食肉类、猪油和其他动物油脂，但他们在烹饪蔬菜时一直使用黄油或奶，直到 1365 年被强行制止。根据皮埃尔·勒格

朗·德奥西 [1]，昂热（法国一地方行政区，并非激起的情感 [2]）公会
议知晓："在几个地区，甚至神职人员也在四旬期和斋戒日使用奶
和黄油，即便他们已有鱼、植物油和这期间一切的必备用品。有
鉴于此，我们禁止一切人等在四旬期使用奶和黄油，包括在面包
和蔬菜中，除非已获得特别许可。"违反禁令者（尤其是食肉者）
将被判以高额罚款或监禁，或遭受鞭刑、颈手枷等残酷的肉体
责罚。

但到了 1491 年，布列塔尼女公爵安妮王后 [3] 游说罗马教廷开
禁黄油，不仅为其本人，也为其公室，理由是布列塔尼既不出产
也不进口烹饪用植物油。最终，教廷下达了豁免令，而整个布列
塔尼地区都得到了这项许可。紧接着发生了多米诺效应，到 1495 年，
德国、匈牙利、波西米亚和法国均被准许使用黄油。

不过，这样的乳品特权并非无条件的恩赐；黄油食用者被要求
定期做特定的祷告，更重要的是，必须向教会捐献钱款。在法国
和佛兰德斯的部分地区，许多教区的教会执事指定此类捐献须用
于教区建筑的修缮，教会因而设立了专门的捐献箱（troncs pour Ie
beurre），摆放在教堂长椅的旁边。这一信仰敲诈的永恒见证便是

---

① 皮埃尔·勒格朗·德奥西（Pierre Le Grand d'Aussy，1737—1800）：18 世纪
   法国文化史学家、中世纪史专家，以其三卷本法国饮食史而闻名。
② 昂热（Angers）：法国西部一城市；anger 在英语中意为"愤怒"，故有括号中
   的说明。
③ 布列塔尼的安妮（1477—1514）：布列塔尼公国女公爵（1488—1514），先后
   嫁给两任法国国王为后（1491—1498 年为查理八世王后，1499—1514 年为路
   易十二王后）。

中世纪所建的黄油塔楼，它雄伟地矗立在法国最大教堂——哥特式的鲁昂圣母大教堂的右侧。黄油塔楼于 1485 年至 1507 年增建到大教堂的旁边，据说所用资金便是天主教徒为获得在四旬期和其他斋戒日食用黄油的特权而付给教会的。没有账簿留存下来可以证明这些黄油特许费确实用于建设了这栋 260 英尺高的华美塔楼，又或许这栋建筑如此命名是为了讽刺教会过高的黄油许可费。但是我们的确知道，13 世纪的信徒为获得一张斋戒日的黄油许可券每次须付出宝贵的 6 德尼厄尔。而被罚没六张许可券相当于失去了 15 磅盐或一只大肥阉鸡。

1520 年，马丁·路德谴责了此类习以为常的牟利恶行。如布里奇特·安·海尼施（Bridget Anne Henisch）在《斋戒与盛宴》一书中所说，这位直言不讳的神父在 1520 年写道："在罗马，他们嘲讽斋戒，却强迫我们食用他们自己连涂鞋都不肯用的油。然后，他们卖给我们在斋戒日食用违禁食物的权利，但这个自由正是他们用他们的教法从我们这里偷走的……他们说，吃黄油是比撒谎、亵渎神明或沉迷于不洁更严重的罪行。"生产和使用黄油的乳产大国多数在 16 世纪与罗马天主教会分道扬镳，这似乎并非完全巧合。矛盾的是，教会的斋戒条律最终也促进黄油在热爱橄榄油和猪油的南部欧洲人民中间得到推广。阿尔贝托·卡帕蒂（Alberto Capatti）在《意大利烹饪：一部文化史》一书中给出了解释。对于中世纪的意大利农民和劳动阶层而言，优质橄榄油是他们负担不起的奢侈品。他们最常用的油脂是猪油，但屠宰场制品在斋戒期被禁止使用，所以他们就没有别的选择，只能用味道恶心的廉价植物油。随着教会逐渐让步，允许北方地区在四旬期用黄油代替植物油，这一做法也进而传播到了南方，给了下层人民一个不使用坏植物油的替代选项。最终，视黄油为"野蛮人"油脂的看法让位于普遍的接纳。使用黄油的意大利菜谱开始出现，到16世纪，黄油已成为一种身份象征，尤其在意大利南方的城市贵族中间。炎热的气候给稳定获取和保存黄油造成了困难，而这也让作为奢侈品的黄油变得愈加诱人。教会无意之中帮助黄油从意大利的食物底层崛起，进而在最美的餐桌上占据一席之地。

令人惊叹的是，当黄油在人类史上扮演的宗教角色不断加强时，它在日常生活中始终保持着它的实用地位。古往今来，在许多迥然不同的文化中，黄油均充当着世俗与神圣、科学与超自然之间的独特桥梁。讲述着这些跨越时间和地域的双重故事，我不禁发出疑问：为什么是黄油？为什么是它成为了全世界的宗教生活和日常生活共同的宠儿？

答案一部分在于黄油的制作本身。对我们的祖先而言，这是一项必备技艺，但他们却知之甚少。前工业时代的人们无疑对此迷惑不解，为何简单地摇晃牛奶就能使其中原本不可见的浓郁物质突然浮出为小份的黄油，而另外一些时候，相同的动作却无法产出黄油。几千年来，不管这项任务得到了多大程度的规范，它始终是一个难解的谜团，直到近代的科学家解开了其中奥妙。像许多曾经的尘世之谜（彩虹、打雷、潮汐，等等）一样，黄油的产出也被认为是处于喜怒无常的神灵的掌控之中。它特别像是神力的筹划安排，因为它对人类来说是如此宝贵的馈赠。黄油不仅本身是美味的食物，而且可以作为烹调用油、药物、灯油、润滑剂，用来保存肉类，甚至用于防水。毫不奇怪，赞美黄油的习俗自古以来一直长盛不衰。

在埃塞俄比亚的偏远地区，比方说奥莫（Omo）河谷，那里生活着一个几乎全裸的部族，其族人今天依然按风俗在准新娘的皮肤上涂抹黄油和红泥，周身上下从头到脚全部涂满。她将与未来丈夫的家庭一同生活数周，在这期间，她涂满混合物的身体将始终袒露。这种仪式意味着对即将到来的婚姻保有一定程度的忠诚，但其实在之前的"订婚"阶段，男女双方均已发生了婚前性行为。

在身体部位涂抹黄油的传统仪式同样存在于喜马拉雅山脉地区的一些群落。在印度北部的达亚拉牧场（Dayara Bugyal）每年举行的黄油节上，参加者载歌载舞，在脸上慷慨地涂抹黄油。当地人把这个节日叫作 Anduri Utsav，它标志着夏季高山放牧的结束，牧民家庭和他们的牲畜将返回谷地，他们向高山牧场（bugyal）赐予的平安而丰盛的乳产表示感谢。

沿喜马拉雅山脉南行至偏远的胡姆拉（Humla）省，涂抹黄油的习俗也从脸部转移到头顶。当客人到达或离开这一地区时，本地人会在客人的头顶涂抹黄油三次，并口诵祈福。一位在该省长大的佛教喇嘛坦帕·杜克特（Tempa Dukte）告诉我，黄油用来为客人祈求三个祝愿。"分别是富足、长寿、幸福。"坦帕解释说。本地寺院也有一个相似的习俗，那就是在水杯的边缘相对放置三片黄油，分别代表对心灵觉悟、智慧、（身、心、魂）和谐统一的祈愿。用这杯子喝水的僧人吃下黄油片，以此增进自我对三种境界的追求。

燃灯的用意

在藏传佛教的实践中，点燃酥油灯有三种不同的理由与用意。第一种是长明灯，不灭的灯火象征着排除愚昧幽暗的努力永不放弃。第二种灯是为了庆贺或为挑战祈福，祈愿得到个人需要的品质，如清醒或力量。第三种酥油灯旨在赎罪、补偿过失。过去都是用提纯的牦牛黄油当灯油，现在则普遍使用廉价的植物酥油（vanaspati）。

坦帕还向我介绍了藏人的一种极其古老的利用黄油预测未来的方法。这个叫作 walchu 的仪式源于西藏最古老的原始宗教——苯教。但它却很少举行，因为唯有部落的智者为了重要的占卜才可以实施它。他要用黄油和面粉亲手制作一尊小型朵玛雕像，向其注入用于预言的"能量"。然后他烧开一大锅水。"把朵玛放进沸水，"坦帕解释，"如果朵玛浮在水面上，那么将预言好的结果；如果朵玛直接熔化了，那就是个不吉利的兆头。"

　　藏历正月（约相当于公历 2 月）十五的酥油花灯节是藏历新年的最后一个庆典。夜幕降临之后，庆祝活动开始。城市街道上布满花灯和施灯（过去只能点酥油），很多都悬挂在两三层楼高的上空，看去宛如明亮闪耀的房顶。拥挤的街道上，人们载歌载舞，观赏着每家每户制作的琳琅满目的黄油雕塑。当酥油灯火驱散了黑暗，也意味着一种朴实无华的物质得以大放光彩，这种嬗变恰如人类对觉悟的谦恭追寻。"如果你渴求至高的领悟，"佛教经文上说，"那就多多供奉油灯吧。"

美国的圣牛

　　这是艾奥瓦州的一个炎热的夏日，但我却穿上了羽绒服。我穿戴整齐，跟着萨拉·普拉特（Sarah Pratt）走进她位于艾奥瓦州农畜产品集市场地的冰冷的工作室。此后一周，我将待在那儿，观察她用 600 磅黄油雕刻出一头栩栩如生的奶牛塑像。

　　艾奥瓦州集市黄油奶牛雕塑的传统可以追溯到 1911 年，第一任雕刻师是约翰·K. 丹尼尔（John K. Daniel）。奶牛雕塑原本是为了推广本地乳制品，但却大受赶集人的喜爱，所以此后就成了每年集市的保留节目。

　　我们进入 42 华氏度（约 6 摄氏度）的玻璃板镶嵌的工作室，这也是奶牛雕塑最终向公众展示的地方。我首先觉察到的是气味：没错，是变质黄油的腐臭味。萨拉解释说，用于雕刻的黄油大部分是陈货，每年重复使用，只有一小部分是混入的新鲜黄油。这么做是为了厉行节约，良心上过得去，就是气味不大好。

我又惊讶地在房间里发现了一个用木头和细铁丝网做成的近似奶牛体型的模架。普拉特开始用双手在这个"骨架"上涂抹一层粗厚的黄油。（我原本还以为奶牛是从一大块坚实的黄油上按"大卫像"的风格凿刻出的。）"第一层黄油必须穿过铁丝网，厚度至少达到 1 英寸，"萨拉解释道，"这样它才能支撑上面黄油层的重量。"之前有一年，一位雕刻师的奶牛的下腹部掉了，就是集市期间从铁丝网模架上硬生生掉了下来。不过她很快又修补好了。

墙上钉着一张精细的奶牛照片，普拉特用其来做参考。"我通常雕的是泽西牛，"她说，"它们的眼睛会说话。"

第二天，奶牛的轮廓开始成形。普拉特将厚块的黄油压紧到第一层的外面，然后再涂抹均匀。我帮了一点忙，光着手把黄油团块糊到奶牛屁股上；有种奇怪的满足感。

下一天，普拉特的工作进入到她所说的最难的部分：肋骨。我们研究图片，讨论肋骨如何收细和弯曲。雕刻当中，她隔一段就跑出工作室，站在橱窗外面，从那个角度察看奶牛的外形。"也许做的时候从里面看挺好，但在三英尺的下方观众们所站的位置，准确度可能就会打折扣。"

日子一天天过去，奶牛也一天天成形。加上了有着细密血管的乳房；耳朵是在两根金属棒上塑造的；尾巴为了显得毛茸茸而用了特殊的工具。普拉特对头部还不太满意，决定把下巴再削去一些。腿部是最后完成的，因为在做上身的时候，如果模架有丝毫摇晃，腿上的黄油就有可能开裂。

　　直到集市开张前几天，雕刻工作才大功告成。集市闭幕后十天，模架上的黄油将被刮下来，装回桶里，供来年再次使用。我问普拉特，她怎么能忍受把自己不辞辛苦完成的雕像毁掉呢。"我确实做不到，"她承认，"我付钱给我的孩子或其他人，请他们做这件事。"

萨拉·普拉特正在雕刻艾奥瓦州集市大受欢迎的奶牛雕像，她将黄油涂抹到木头和铁丝网做成的模架上。（图片来源：伊莱恩·霍斯罗瓦）

4

. . . .

美味的推手：
女性建立黄油行业

. . . . .

> 挤奶女工带着板凳、奶桶和木扁担出门，坐在齐膝深的青草和毛茛丛中，从温顺的奶牛身上挤奶，再返回农场去，扁担两头沉重的奶桶摇晃着，桶中满是起沫的牛奶，她们想（还是不想？）甩掉那些毛头小伙子，诗人们说，他们老是试图截住她们。

> ——约翰·西摩（John Seymour）
> 《遗落的家庭手艺》，1987 年

哦，体态丰腴的挤奶女工，充满富饶的暗示。长久以来，她激发着作家、诗人和画家的浪漫想象，使我们轻易地忽视这些女性实际上是多么健壮。她们从奶牛吃草的牧场上分配、运回牛奶，像牛马一样辛劳，日出而作，风雨无阻。但运输牛奶只是她们劳作的开始。制冷发明之前，牛奶在春夏两季极易变质，所以这些妇女必须将每只桶里满满的牛奶转变成黄油和奶酪，天天如此。鉴于乳品生产与女性的生育、分娩和哺乳联系紧密，长期以来，世界各地均存在严禁男性从事乳品生产的文化禁忌，因此，黄油行业完全是由农村妇女强壮的肩膀扛起来的。

马塞勒斯·拉隆（Marcellus Laroon）的《快乐的挤奶女工》，17世纪末。
（图片来源：Wikimedia Commons）

　　早期社会的性别鸿沟根深蒂固，黄油和奶酪生产仅被视为女性承担的众多家庭责任的延伸。男性主要负责管理作物和饲养家畜等"外部"工作，主妇则需负责一长串的家庭"内部"事宜，从清扫房屋、抚养子女、为全家人及所有帮工做饭，到挤奶、烤面包、运送谷物去磨坊、早晚喂猪、看护家禽以及收集它们下的蛋。3、4月，正是羊羔、牛犊出生的时节，所以畜乳的供给量会突然达到高峰，主妇还要种植菜园，供应家庭所需的蔬菜和香草，并播下亚麻和大麻种子，这些作物长成后她会用来为家人纺布织衣。但这还不是全部。16世纪，安东尼·菲茨赫伯特（Anthony Fitzherbert）爵士在《农书》中这样写道："主妇的职责包括：扬去各种谷物的谷壳，制作麦芽，洗拧衣物，翻晒干草，收割庄稼，在丈夫需要时帮他装粪车、犁地、装载干草与谷物，以及卖黄油、奶酪、奶、蛋、鸡、阉鸡、母鸡、猪、鹅和各种谷物。此外，还要购买丈夫的各种必需品，向丈夫如实汇报预算、账目和花销。"书中对主妇的职责又提出如下建议："黄油和奶酪你必须能做就自己做。"那些没有女儿帮忙的农妇真是命苦啊。

鉴于古时的黄油是由一代代妇女手工制成，产量有限，这就意味着黄油之间也是千差万别，质量和一致性无法保证。每家每户的产品都大不相同，更不用说地区间的差异了。女性没有正式的培训，她们相互学习黄油制作手艺，就像学习其他家务技巧一样。黄油生产有着巨大的商业价值，但这个领域是由女性掌控的。18世纪时，一位农业作家乔赛亚·图阿姆利试图向妇女就她们的黄油生产方式提出建议，这时他发现，男人要想插手这一行很难。"我深深了解，这样的帮助是多么地不被领情，"他抱怨说，"我只是想指导或告诉她们如何改进制作方法，或者向她们指明一些规则，这些规则不同于她们自己的，也不同于她们母亲那代人一贯遵循的，对老一辈她们又常常偏袒得很。"

乳坊女工利用她们的感官知觉而非科学知识处置变幻莫测的奶、奶油和气候，这些时常会影响搅拌的成果。她们的黄油千差万别，影响的因素包括她们的设备和技术、她们的口味偏好、乳畜、

正如曼塞尔·刘易斯（Mansel Lewis）1879年的这幅画作《挤奶女工》中所描绘的，在挤奶房出现以前，女性通常在草场上挤奶。

饲料，以及保存黄油所加的盐的量，等等。一位自豪的女主人会使用独特的模具、印模、装饰和包装作为她的产品标志，彰显它的与众不同。

前现代时期黄油的风味迥异，有成熟度卓群的金奖批次，有卤水腌泡的超咸黄油，也有会被今天的味蕾拒绝的高度发酵和氧化的酸腐类型。庄园乳坊女工和农妇制作的黄油与现代黄油的不同之处还在于奶油的新鲜度。那时候是无法在挤奶几小时后就从奶油做出我们今天所说的甜奶油黄油的；这是相对晚近才出现的，是19世纪末奶油分离机发明后的产物。在那之前，妇女们都是将每桶新鲜牛奶倒进"凝油"盆或槽，放置一天或更长时间，让奶油自行浮到上层，然后她们再轻柔地撇出来制作黄油。在只有几头牛的小农场，奶油撇出以后一般要等上若干天，凑到足够的量才去搅拌。生奶在放置凝油的过程中，会因环境的温度和乳杆菌的差异而导致不同程度的成熟，气味由芳香转为刺激。

前工业时代的欧洲妇女也利用其他反刍动物的奶制作黄油，特别是绵羊和山羊。这些动物的奶静置时不像牛奶那样脂肪能够轻易地或自然地分离，也就不会产生一个可以撇出做黄油的奶油层，所以山羊奶和绵羊奶一般都被做成奶酪或一种类似酸奶的混合物。制成奶酪后再搅拌剩余的乳清，使其中残余的脂肪形成副产品黄油；也可以反过来，先搅拌全脂酸奶得到黄油，然后再将剩余的酪乳制成一种简单的新鲜奶酪。（现今很多地方的农妇仍在使用这两种方法。）

虽然全年泌乳的系统方法早在 16 世纪就已形成，使得冬天也能挤奶，但最大的份额还是在每年的春夏两季获得的。这同时也是黄油最易变质的时节。为此，妇女们发展出一种常见的贮藏方法，即使用盐或卤水保存一部分黄油，能够满足大半年后冬季市场的需要。首先，她们充分地冲刷、清洗和挤压黄油，去除所有的酪乳。然后，抓一把在手中，用力塞进高温烫过的桶或盆里，确保填充严密。这样一层一层填进去，每层都撒上很多盐，再用指关节摁压，把所有气泡都挤压出去。几个月之后，到了该吃黄油的时候，妇女们通常会把黄油浸泡在凉水里，滤去多余的盐分。

　　加盐黄油也是保存其他食物供给冬季餐桌的重要帮手。财力雄厚的人家会在熟食上撒上大量黄油，起到密封和防止变质的作用。甜咸馅饼上会浇上厚厚的一层熔化的黄油。有了黄油担当防护，食物就可以保存几周到几个月。

　　随着黄油经济的发展，欧洲的黄油生产者开始为最好吃和最值得信赖的荣誉展开竞争。那个时代，唯利是图者和牟取暴利者在食品上掺假成风，黄油也沦为各种花招伎俩的牺牲品，比如：在新鲜黄油里掺杂过期变质的黄油，在黄油中加入石头、芜菁或其他重物以增加重量，用胭脂树红或其他色素将淡色的黄油染成"五月"黄油的金黄色以卖上更好的价钱。这场竞赛关系重大，因为16和17世纪正是欧洲在世界七大洋的探索达到高峰的时代，由此也开拓出利润丰厚的新兴黄油市场。

　　与此同时，旧大陆也正在发生巨大的变化。城市数量呈指数增长，人们脱离了往日维持他们生存的根深蒂固的农村生活。乳制品的消费者与生产者不再是一体的了。新的城镇居民中很多人无法自己生产食物，开始完全依靠留在乡村的人为他们制造和运送食物。在这个迅速发展的城镇经济中，黄油产业也是欣欣向荣，连同乳坊女工这项工作也兴旺起来。致力于乳品生产的庄园和大型农场数量增多，而身强体壮的未婚或丧偶的女性总可以在这些地方找到工作。

　　庄园乳坊女工被认为是一份体面的工作，地位比家仆高一等，原因是乳制品常常比庄园的其他农产品获利更多。一位能一以贯之地制作优质黄油和奶酪的乳坊女工总能找到工作。在英国，大型庄园会雇佣整支女工队伍；标准工作量是一位女工负责十头奶牛。

女性掌握的从液态乳生产出固态黄油和奶酪的看似神秘的手艺，除了帮她们赢得一份稳定的工作，也为她们从同行男性那里赢得了少有的一份敬意。没有科学知识，甚至也没有书面记录，男人们无法解释女人仅靠感觉和双眼就能完成的生产过程，他们对于那些食物到底是如何生成的知之甚少。因此，乳品生产的奥秘提升了熟练女工的社会地位，这至少一直持续到19世纪早期男性统治的乳品科学开始革新这一行业之时。在那之前，乳品生产完全属于女性活动的私有领地，这就部分地解释了为什么挤奶女工的原型会附着很多浪漫、半情色的意味。她既是家庭美德的典范，也是暗藏的乳产神秘主义者。她在生殖力旺盛的世界中经营纯洁。她既提供营养，又给予快乐——尤其是通过黄油。所以毫不奇怪，在人类的所有工种里，乳坊女工最受诗人和画家的青睐。甚至连荷兰绘画大师约翰内斯·维米尔（Johannes Vermeer）也用他的画笔向乳坊女工致敬，其画作《乳坊女工》如今已成无价之宝。

娱乐乳坊

· · · ·

　　乳坊女工文化的巨大影响力也启发玛丽-安托瓦内特（Marie-Antoinette）建造了一处极其奢华的享乐设施——凡尔赛宫园林内的"娱乐乳坊"（laiterie d'agrément）。这个去处位于一座被称为"凡尔赛农庄"（Hameau de Versailles）的乌托邦式农庄，那里还有为贵族娱乐而修建的各种乡间小屋、磨坊和一栋农场住宅。娱乐乳坊是这位法国王后钟爱的娱玩场所，在这里她和她的女侍打扮成乳坊女工的模样，以制作黄油和其他简单的乳品为乐。

　　实际上，农庄内有两处乳品作坊——王后的"娱乐乳坊"和更为实用的"预备乳坊"（laiterie de préparation）；熟练女工在预备乳坊将冰淇淋、黄油和奶酪预先准备好，然后送到娱乐乳坊品尝。（做乳品生产"游戏"是一回事，吃它的产品又是另一回事。）两座作坊外观上同样富有田园和农庄风情，木材裸露，屋顶覆盖茅草。但室内就判若云泥，预备乳坊朴实无华，而娱乐乳坊内的固定设施则是由闪亮的白色大理石制成，墙壁以精细的错视画法模拟出大理石的观感。王后的乳品用具包括华丽的瓷奶桶、撇勺、奶匙、凝油盆等，都是在巴黎最具声望的瓷器工坊定制的。此外还有乳品生产的工装；据说，玛丽-安托瓦内特喜爱垂下她的长发，穿着女工的朴素服装。

　　娱乐乳坊只是一个陈设讲究的角色扮演的舞台吗？或者，玛丽-安托瓦内特和她的宫廷女伴确实在此制作乳品呢？历史记录含糊不清，但搅拌黄油确有提及；毕竟做黄油比做奶酪和冰淇淋来得简单，也能更快地得到满足。但王后乳品作坊的真正目的并不在于生产，而是作为她的花园中一个美丽的焦点，也是招待宾客的一个较私密的场所。

1787年，玛丽-安托瓦内特的丈夫国王路易十六为她在朗布依埃城堡建造了一处更奢华的娱乐乳坊，但法国大革命的爆发使得她与之彻底无缘；王后本人也旋即被送上断头台，某种程度上也是这些奢靡无度的生活所致。

玛丽-安托瓦内特并不是建造此类娱乐乳坊的首位统治者——尽管她的建筑作品在政治上颇具争议。两个世纪以前，另一位来自异国的法国王后——凯瑟琳·德·美第奇①——就已经开启了这一王家建筑传统，1560年她在枫丹白露宫外的森林中建造了一座名为"半途庄"（Mi-voie）②的模拟农庄。其核心建筑便是一座气派的娱乐乳坊，其中包括了一个人工洞穴，作坊的墙壁上绘制了神话人物，装饰有占星图案。与玛丽-安托瓦内特在凡尔赛农庄的田园式表达得到的反馈不同，凯瑟琳·德·美第奇的计划因对君临天下的王权的维护而获得赞赏，从而为她在政治上收取了人心。受半途庄的启发以及17世纪晚期兴起的将乡村生活理想化的文艺风潮的影响，法国贵族阶层也开始在他们的庄园外围建造娱乐乳坊。

路易十四甚至在凡尔赛宫建造了一间豪华的娱乐乳坊，作为礼物送给他的孙媳，14岁的萨伏伊的玛丽-阿德莱德（Marie-Adélaïde），据说她热衷于乳品制作。梅雷迪思·马丁（Meredith Martin）在《乳品王后》

---

① 凯瑟琳·德·美第奇（Caterina de' Medici，1519—1589）：法国国王亨利二世的王后，生于意大利佛罗伦萨，是美第奇家族洛伦佐二世的女儿。
② Mi-voie在法语中意为"中途"，因该农庄位于枫丹白露宫及附近的小镇Avon之间，故如此命名，此处译为"半途庄"。

一书中提到，玛丽 - 阿德莱德喜欢亲自挤牛奶，并"用她雪白的手搅拌黄油，连路易十四也对成果啧啧称赞"，玛丽 - 阿德莱德常以之招待宾客。

18 世纪中晚期，娱乐乳坊也出现在英国、俄国的一些地方及今天的德国和比利时地区。但它并不仅仅是一种时尚，而是逐渐地拥有政治和文化分量，原因在于，这是一个罕见的现代早期贵族女性得以行使其女性身份与权力的场所。

到 18 世纪中叶，乳品文化和黄油生产已经在新大陆牢牢扎下根基。但这绝非易事。早期殖民者连自身生存都成问题，就不用说养活奶牛了。

第一批运往美洲殖民地的奶牛于 1624 年抵达普利茅斯。虽然北美大陆有大量本土的产奶反刍动物，如驼鹿、马鹿、北美驯鹿、白尾鹿、羚羊、北美野牛，但美洲土著居民仅仅猎捕这些动物，从未试图驯养它们并挤奶。

由于对新大陆的恶劣境况准备不够充分，并且财力严重不足，普利茅斯的清教徒移民度日艰难，只能勉强维持他们初来乍到的奶牛群。早些年里，许多定居者和家畜都死于饥饿和疾病。但令人惊奇的是，殖民地坚持下来了，而这激发和促成了随后的"大迁徙"，即 1630 年至 1640 年，超过 2 万名清教徒从英格兰迁徙到新大陆，创建了欣欣向荣的马萨诸塞湾殖民地。1630 年至 1633 年，几乎每条驶往清教徒殖民地的船只都装载了奶牛和其他家畜；北美的乳畜养殖被证明对生存是不可或缺的。

其他爱好黄油的国家也向新大陆输出移民，包括法国、瑞典和荷兰。像英国人一样，这些国家的移民也将他们的乳品生产技能和奶牛带到了此前从不存在乳品文化的地区。实际上，17 世纪的美国东北地区的地理环境对奶牛相当不友好。茂密的原始森林覆盖了整个新英格兰地区，此外便是沿海的盐碱滩涂、内陆的淡水沼泽，以及很少的一些过去土著部落清理后种植庄稼的开阔地块。尽管地理环境如此恶劣，奶牛养殖还是在新大陆站稳脚跟，并且奇怪的是，恶劣的地理环境反而造就了它。1663 年夏，土壤枯竭和衰退造成马萨诸塞的小麦作物大面积颗粒无收，迫使许多农民从种植谷物转向饲养牲畜和从事乳品生产。与此同时，对于包括黄油在内的乳制品却产生了巨大的需求，那是来自西印度群岛广大的甘蔗种植园的管理者和工人。奴隶劳动支撑的密集型甘蔗产业使得种植园越来越依赖北美殖民地供应基本食物，越来越多的黄油和其他食物被运往加勒比地区的岛屿，提供给非洲黑奴和他们富有的白人主人。

西印度群岛回报给北方殖民地的是糖，以及制糖时产生的副产品糖蜜。因为糖蜜可以便宜地发酵和蒸馏为朗姆酒，由此也导致东北地区的朗姆酒厂数量激增。繁荣的朗姆酒经济又促进了对以奴隶劳动为基础的甘蔗生产的需求，结果导致新英格兰黄油在西印度群岛的市场变得相当稳定而盈利丰厚。马萨诸塞、康涅狄格和罗得岛的农民纷纷扩大他们的奶牛规模。饱含讽刺的是，早期清教徒几十年前才刚刚逃离"道德沦丧"的英格兰，如今他们的后代中很多人却从事着依赖奴隶制和饮酒的黄油行业。

西印度群岛作为新英格兰黄油的主要市场持续至约 18 世纪中叶，此后新的北美市场的兴起使乳制品的目的地发生巨大转变。到美国独立革命发生时，发往新斯科舍、南卡罗来纳和佐治亚等北美东海岸市场的黄油是西印度群岛市场的两倍。大西洋沿岸中部地区的农场以黄油为唯一产品；费城周边广阔的农业区成为国家的"黄油带"，开始追随波士顿的脚步出口黄油。黄油带仍以女性为其生产中坚力量，产业势头强劲，但也存在一个缺陷：农场主会定期把搅拌黄油后残余的酪乳倾倒进本地的河溪，引发环境灾难。有关如何处置残余乳液和奶油的问题最终促成了农家奶酪的大范围生产，这也是美国最受欢迎的新鲜奶酪之一。

鉴于美洲移民来自于欧洲，所以美利坚合众国早年的农庄黄油生产也照搬了旧大陆的技术和传统。"男犁地，女挤奶"的说法同样适用于新大陆，女性继续成为农场主要的挤奶工和黄油生产者。然而，性别角色最终在美国却更加容易地发生了转变，原因是美国的乳品场通常规模更大，饲养的奶牛更多。这个新生的国度土地广博，尤其是向西挺进之后，所以到 18 世纪末，家庭农场规模越大，男性和女性在乳品生产上的边界就越模糊。必要时，男人和男孩也会拿起凳子和桶，协助完成一天两次的挤奶工作。但黄油生产主要还是掌握在女性手里。

每个时代都有自己专属的美食家（唉，就是我们现在略带嘲讽地称为"美食达人"的那些家伙)。18、19世纪也不例外,而那些努力工作以迎合达人偏好的乳坊女工和农场主妇通常会得到嘉奖。接着,就跟现在一样,明星黄油会受到欧美精于食物之道的人士的热情追捧。根据食物历史学家玛格洛娜·图桑-撒玛(Maguelonne Toussaint-Samat)的研究,1788年出版的一本热门的法国社会见闻录《隽语大全》①中便列举了一些不容错过的黄油佳品:"时尚人士认可的黄油唯有两种:旺夫(Vanves)和弗勒瓦莱(Frévalais)的黄油"(两地均在巴黎市郊)。这两处出产的黄油的独特之处在于,它们是新鲜无盐的,因而较其他地方的黄油更易变质。每周四,有进取心的旺夫和弗勒瓦莱妇女携带她们昂贵的甜发酵黄油到巴黎出售,每卷重3~4盎司,多用于涂抹面包。巴黎的另一特产是芳香黄油,是将无盐黄油与多种花朵叠放在一起制成的。花朵和黄油之间要用平纹细布隔开,然后将混合物放置在阴凉处一天或更长时间,使花香充分渗透进黄油。

丹麦黄油广受好评,但它的起源说起来也是无心插柳。丹麦人为了延长奶牛的泌乳季,在奶牛的越冬饲料中尝试加入富含脂质的油菜籽油饼。结果,这些油饼为牛奶增添了绝佳的感官效果,继而也大大提升了丹麦黄油的质地和口味。

19世纪中期,美国也涌现出闻名遐迩的黄油产区。在中央集

---

① 《隽语大全》(*Dictionnaire Sentencieux*):作者为路易-安托万·卡瓦乔利侯爵(Marquis Louis-Antoine Caraccioli,1719—1803),多产的法国作家、诗人、历史学家和传记作家。

中的乳品厂出现之前，纽约州奥兰治县和佛蒙特州富兰克林县的乳坊女工便以她们高超的生产技艺和恒定的产品质量而饱受赞誉。富兰克林县的黄油是波士顿的质量黄金标准，而奥兰治县的黄油在纽约市得到高度评价。

在英格兰，南方的埃塞克斯郡和北方的约克郡出产的黄油赢得赞誉最多。乔赛亚·图阿姆利在1816年的《乳产管理论集》中也提到，"剑桥郡的加盐黄油"是伦敦奶酪商批发购买的优质商品，他们将其盐分冲洗干净后，当作新鲜黄油高价出售。

图阿姆利对约克郡的农场主赞赏有加，说他们"产出的黄油比其他人多……这主要归功于他们在冬季给予奶牛的悉心照料，他们让奶牛待在室内，吃好吃饱，除了喝水从不让它们出去受罪，只有等到天气晴和才赶它们出门。"

19世纪，虽然每个国家都有其兴隆发达的黄油产区，但爱尔兰岛西南角却是独一无二的，统治世界黄油贸易达大半个世纪之久。这一过程始于18世纪早期。因气候温和、牧场丰饶，爱尔兰自古便是理想的奶牛养殖地。长期以来，其肥沃的土地被众多小型租种农场瓜分，所有佃农均仅饲养少量奶牛，出产的黄油主要用于交付租金。18世纪，这些黄油中大部分选择到科克黄油交易所交易。由于大批量的农庄黄油不断在此聚集，科克最终成长为世界上最大的出口黄油市场。在其鼎盛时期，科克的港口吸引了来自瑞典、丹麦、荷兰、葡萄牙和西班牙的船舶，它们定期到此为各自的殖民地购备黄油。

巅峰时期的科克黄油交易所将爱尔兰黄油运往世界各地。
（图片来源：玛丽·埃文斯图书馆）

爱尔兰能够成长为一个欣欣向荣的黄油垄断者，很大程度在于一群本地商人发明了此前世界食品贸易中尚不存在的一套严格而新颖的质量控制体系。在此之前，批发商付给生产者差不多都是一样的价钱，根本不管黄油质量好差。外贸商人在整改定价体系时有着明确的动机——掌握评级和定价的主动权、消灭批发商，同时也向新鲜低盐黄油的"诚实"生产者提供一个优势价格。

到 18 世纪末，一个由乡间小路和马车行道构成的庞大道路网已在爱尔兰岛西南角及周边形成，起点和终点正是科克。口头上称为"黄油之路"的这些道路将成百上千从事乳品生产的女性与科克市场连接起来，她们纷纷前往那里出售自制的黄油。为了容纳这些远方的供货人，科克黄油交易所白天和晚上都全部开放。

没有女性付出的体力劳动，爱尔兰黄油市场与它在全世界的竞争者一样都将不复存在。女性每天将牛奶转变为盒装、球形、砖形、墩形和各种印块的黄油，她们的这一能力促成了一个全球规模的农舍产业。虽然她们的产品质量和数量千差万别，但无论时间地点如何，其基本的技术和工具大体是相同的。这些简单用具不仅帮助女性制作出黄油，也推动了乳品贸易，并且，它们比其他工具更有力地见证了女性在农场经济活动中占据的关键地位，这些都不容忽视。

5

工具和技术:
旧式黄油生产

　　我们有一只做工很棒的磨光上漆的木质旋转搅拌桶，带小的透明玻璃窗口，可以观察黄油的生成情况，十分漂亮。搅动时奶油在桶里发出晃荡溅泼的声响，当黄油接近成形时，声音会变调，这样就可以在最准确的时机停止搅拌。对于这个奶油进去黄油出来的魔法，我们从不厌烦。在黄油出桶之前，拔出搅桶底部的一个塞子，让酪乳流到一只大而深的上釉陶碗里。那是大热天求之不得的美味，用一根长柄勺直接从碗里舀进嘴里，爽滑微酸略刺激，那味道我特别喜欢，永远也忘不了。

　　　　　　　　　——斯科里，"乳品作坊"，2007 年 8 月 16 日
　　《雨打我窗》①，回忆 20 世纪 30 年代在奥克尼群岛上的成长经历

黄油生产的历史并不会轻易地自我展现。你必须去追寻它，有时得深入到完全出乎意料的地方。就像是那个严寒的冬日早晨，

---

① 《雨打我窗》（*Rain on My Window*）是一个博客（http://oldmanofhoy.blogspot.com/），作者是斯科里（Scorrie）。

我站在新泽西城郊边缘的一间荒僻的自储仓库门前。带我到这里的是它的租户桑迪普·阿加瓦尔（Sandeep Agarwal），一位出色的黄油文物收藏人。桑迪普跑遍乳品和古董的集市与网站，搜集古老的黄油制作工具和器物，其热忱丝毫不逊于那些四处搜寻体育纪念品的男人。他的藏品已达两百多件，有一些年代早到 17 世纪。我们见面的那个上午，桑迪普解释说，他的收藏（少数几次出展时他称之为"黄油世界"）始于书籍。他的家族在印度从事乳品生产（酥油）已经有五代人了。"我一开始是收集乳产方面的书籍，"他说，"后来，我在拍卖会上看到了一只古老的搅拌器，就迷上了。"说痴迷更恰当。当桑迪普拉开他的藏品库的波纹门后，我看到从地板到天花板堆满了盒子，每只盒子里都装着来自一间曾经红火的乳品厂或奶牛场的一件黄油制作工具或一个日常物件。塞在中间的是独立的搅拌器，大小、形状、年代各不相同。桑迪普小心地打开一些相对贵重的宝贝，让我接触和观察。有雕刻精细的模具，有小型的玻璃、金属、陶质和木质的搅拌器，有黄油帮手和拍板，还有用于储藏黄油的瓦罐和木桶。在书上读到过这些饱经沧桑的乳产老物件是一回事，亲手拿在手里、操作它们的活动部件、感受它们的重量又绝对是另外一回事。我感觉自己似乎搅醒了那些手工艺人的鬼魂——全部都是女人。

对一位女工或农妇来说，黄油制作是一段运用工具和技艺的长舞，而每次起舞都是从她把三条腿的凳子摆到奶牛旁边着手挤奶开始。

油乳分层

女工将新鲜牛奶装满桶后，用布织或草编的筛子过滤进一只大陶罐或其他容器，等待它变凉、失去泡沫。然后将牛奶再次转移，这一次是倒进"分层"用的浅容器，一种宽口浅碗。盛满之后盖上布，在清凉处静置至少半天或一整夜；这样，奶油就会分离出来，像柔软的象牙筏子漂浮在奶液上。欧洲北部的部分地区也常用一种浅石槽来分离奶油，它的底部有一个塞子。女工将新鲜牛奶倒进冰凉的石槽，盖好，静置大半天或一夜。当奶油充分浮起后，拔出底部的塞子，让脱脂牛奶流到下面的容器中。奶油就留在石槽里，附着在内壁上；把它刮出，转移到搅拌器或收集罐里。

但制作黄油并不总是需要先分离奶油。荷兰及欧洲其他一些地区的通行做法是搅拌全脂发酵牛奶。（宾夕法尼亚和纽约的一些大型乳品场也采取这种做法。）在前工业时代，从最大化黄油产量的角度考虑，搅拌全脂熟牛奶更可取，此时牛奶中 90%~95% 的乳脂会被制成黄油，而分离奶油的方法只会利用八成左右的乳脂（因为并不是所有的脂肪都会浮到上层）。不过，搅拌全脂牛奶的缺点是，投入的时间和精力更多，需要更多的技巧。规模较大的经营者想出了各种无须仰仗人力（确切地说，女人之力）的搅拌方法；他们利用狗、羊或马来踩动踏车，为搅拌器提供动力。

在电力供应之前，许多大型乳品场利用动物驱动搅拌器生产黄油。
（图片来源：康奈尔大学图书馆）

　　但是，家庭经营的乳品场一般还是靠人力搅拌奶油。（奶油本身也是农场厨房里值钱的食材。）一批批的奶油静置一天或更长时间，等待成熟或发酵，起作用的乳酸菌天然存在于农场区域及乳品场工人的皮肤。在某些地区，浓烈的发酵风味被视为黄油可靠质量的标志。时间长的奶油通常比鲜奶油产出的黄油更多（不过，如果成熟时间太长，细菌就会导致酸臭味和／或极似干酪的口味）。

　　在制冷技术应用之前，有条件的女主人会用泉上小屋来低温保藏奶油和其他乳制品。（厨房一般温度过高，不适合制作和储藏黄油，当温度高于70华氏度［约21摄氏度］时，奶油便难以搅拌。）泉上小屋通常以石料建成，位于一个阴凉的地点或嵌入山体，屋下有山泉溪流；在小屋的地上挖出一条浅槽，引导清凉的泉水从中流过，然后将奶盆放在水槽中。在天气温暖而奶源充足、黄油产量最高的月份，天然的清凉水流恰好形成了类似地窖的稳定低温（可以说是一种绿色能源，当然那时还没这名词）。除鲜奶、奶油和黄油外，不放别的东西在这间小屋里，以免沾染上其他滋味或气味。

在人工制冷技术发明以前，泉上小屋的半入地表式设计起到了冷藏鲜奶的作用。
（图片来源：基思·恰尔兹 [Keith Childs]）

撇取奶油

女工熟练地使用一种小型金属撇油漏勺将静置牛奶的奶油层撇出。最好的漏勺是茶托形状、浅底、底部钻孔、边缘细削锐利。用它将奶油轻轻地推挤到一边，奶油便滑到勺上；牛奶则从漏勺的孔中流了出去。（乳品行业流传一种说法，说泽西牛和根西牛的奶油相当稠密，以至于用漏勺推挤的时候，它们会像柔软的衣料一样起皱。）

最先浮起的乳脂可以做出最优质的黄油，在这一事实人所共知之后，欧洲主要的黄油制造商都将撇取奶油分为两个阶段，第一阶段在 18 小时后，第二阶段再经过 12 小时，分别产出一等和二等黄油。

黄油和美德
. . . .

我们相信制作优质黄油不比劣质黄油困难。
我们也冒昧地说这将提升全家的道德品格。
我们甚至认为黄油的外观能透露家庭的性格，
因为制作好黄油而形成的专注与清洁的习惯
必将反映在每一处细微的地方。

——威利斯·波普·哈泽德（Willis Pope Hazard）
《黄油与黄油制作》，1877 年

搅拌奶油

从古至今，搅动奶油以制作黄油的过程催生出不计其数的搅拌器。世界范围内最古老最常见的一种是搋子搅拌器，它包括一只高木桶，其严密的桶盖中央有一个孔，孔宽可供一根木棒插入，但孔隙之小却不容许奶油由此溢出。木棒或撅子的下端固定了一块木板底座，这个底座或为十字型，或钻有孔洞以增强搅动效果。女工上下抽动撅子，直到形成小块的黄油；所需时间不定，取决于奶油的温度、酸度、质量和体积，但一小批量通常需要 20~30 分钟。

之后出现了桨式搅拌器，它包括一个容器（木质、陶质、金属或玻璃），内部装有一扇桨片，有时钻孔，桨片固定在中央的一根杆上。杆与搅拌器顶端或一侧的一个旋转把手相连。持续不断地转动把手，便可搅出黄油。既有适合家庭使用的小罐型，也有供乳品场使用的桶形或箱形的大型桨式搅拌器。

随着 18、19 世纪黄油需求的增长，黄油搅拌器的尺寸也越来越大，设计上的创新也层出不穷。（19 世纪，每 10 或 12 天就颁发一次新搅拌器专利。这还只是美国的情况！）最受欢迎的一项设计是圆桶搅拌器。转动把手可以使整个圆桶像轮子一样转动，或者通过把手转动桶内的桨片而圆桶保持不动。也有设计成方形的，叫作方盒搅拌器。这种新型搅拌器一经推出，就凭借其不俗表现而获得高度赞誉，这从 1750 年威廉·埃利斯（William Ellis）出版的面向"乡村主妇"的英文手册中就可见一斑："圆桶搅拌器是一项新鲜发明，以至于在英格兰只有少数郡县才能觅到它的踪迹。白金汉郡和贝德福德郡都有理由宣称是这一性能最好的乳品生产工具的第一使用者。年复一年，它越来越时兴，因为它清洗起来简单快捷，操作起来非常容易，奶油浪费得最少，能够迅速而有效地生产出最甜美的黄油。"

搅子搅拌器是最古老最常见的一种粗木黄油制作工具。
（图片来源：卢卡·珀尔·霍斯罗瓦［Luca Pearl Khosrova］）

摆荡搅拌器和摇晃搅拌器是圆桶搅拌器的派生版本，工具原理类似摇篮。（生产商宣称这一轻柔的育儿动作能够产出更好的黄油。）比利时艺术家夏尔·珀蒂（Charles Petit）在油画《黄油搅拌器》中绘制了一台19世纪的摇晃搅拌器，它同时也是幼童的非正式娱乐坐骑。小朋友高坐在大圆桶搅拌器上，跟着圆桶在助滑器上前后摇晃，妈妈则同时完成了黄油生产工作。

旋转搅拌器在19世纪中叶出现之后引发了极大的热情。这种上下翻转的圆桶形或方盒形机器无疑在大批量生产黄油时效率最

此类小型玻璃桨式搅拌器是19世纪晚期的家庭必备用具。
（图片来源：卢卡·珀尔·霍斯罗瓦）

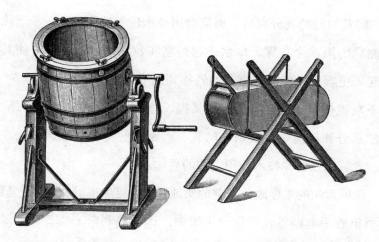

旋转搅拌器（左图）和摆荡搅拌器（右图）在前工业时代的大批量黄油生产中代表了一次技术
上的飞跃。（图片来源：iStockphoto）

高。更先进的版本还开有一扇小窗，可从中观察奶油状态、判断黄油产量。桑迪普向我展示了他藏室角落里摆放的一台罕见的大型旋转搅拌器，通体为上釉的粗陶，这是保持奶油低温的最佳材料。光滑、洁白、椭圆，好像一只巨大的蛋悬挂在两柱之间。

最怪异的一种搅拌器是新西兰的"袋鼠极飞黄油机"。它工作时产生三种不同的运动方向：上下晃动、左右摇摆、前后倾斜。此外，每次转动时它还像袋鼠一样给出猛烈的一踢。机器的使用说明解释说，如果你将奶油容器捆绑在马鞍上，骏马飞奔，也会取得相同的运动效果；那么，这如何成为一个卖点就不得而知了。

压炼黄油

将黄油与酪乳分离后，通常会用冷水仔细洗涤黄油——清除残余酪乳的第一个步骤。冷水还起到坚实黄油颗粒的效果，使其处理起来更容易。然后，将黄油转移到碗或托盘中用于"压炼"。通过不断地按压、翻转、劈分、揉捏、清洗、挤拧黄油团，去除其中的水分和任何一点残余的酪乳，否则这些将会导致黄油快速变质，尤其是在制冷技术应用之前的夏季。

压炼黄油的工序改善了它的质地，使它更加平滑、柔顺、延展。在当年的一本经典乳产指导手册中，作者威利斯·波普·哈泽德建议说，一块压炼得当的黄油，其水分含量应少到"不超过一滴小水珠，并且应当高度稠密，切下去不会模糊刀片的表面。"训练有素的女工从不直接接触黄油，而是两手各持一把小平匙。它们叫作黄油铲或黄油帮手，是扁平、铲形的木质用具，一边刻有深而狭的凹槽。另一种相似的工具是木质的黄油勺，略呈杯状，像一柄大而浅的汤匙，尾端粗钝。用这些工具压制黄油，可将酪乳小滴挤到表面，然后洗涤去除。黄油帮手还有其他的功能。可以用来分割黄油，将它们塑成块状或压进模具。一些女工还擅长用黄油铲的薄边在黄油砖的表面印刻出几何图案。

　　压炼黄油不仅需要技巧，还需要准确判断完工的时机；压炼过度的黄油可能变得油腻，如果酪乳排除过多，黄油也会变得干燥易碎。

> 你得留意着点你的奶油。你真的得花大力气看着它，这样才能做得漂亮。你不能把它晾在一边太长时间。你得动它。
>
> ——玛丽·莫雷尔（Mary Morrell），1892年生于田纳西
>
> 　　（莫雷尔6岁时就在家里的农场学习制作黄油，搅拌的地点是泉上小屋；
>
> 　　成年后，她回忆说，她会一边搅拌黄油，一边读书给她的孩子们听。）

　　之后，将黄油平展在托盘上，撒盐，并轻轻按压进去。加盐的量根据生产者或购买者的口味而定。19世纪中期，对于立即食用的黄油，每10磅黄油加约半磅盐。（这差不多是今天大多数商品化黄油加盐量的三倍。）如果黄油准备保存几个月，那么加盐还要多得多，这样的黄油基本难以入口。因此，保藏黄油的处理方

式非常类似腌渍干鱼——用冷水不断浸泡清洗，去除大部分盐分，这样才能食用。

许多女工在压炼较大批量的黄油时会使用一种简易的斜体 V 型木盘，窄端有排水孔。把新鲜搅拌的黄油放在盘中，来回移动杠杆挤压。然后倾斜托盘，使挤出的酪乳从一端流出到下面的容器中。

工序进展到这里，多数生产者会认为他们的工作已经做完，下面就该分装黄油了。但宾夕法尼亚州黄油带地区的许多德裔生产商（他们的黄油卖价更高）还有几个额外的步骤。加盐之后，他们会把黄油再次铺展在托盘里，撑起边缘，在阴凉处放置一夜，这样可以使盐完全溶解在黄油中，使残余的酪乳和水分排净。第二天上午，一手拿铲一手拿冰水浸过的布将黄油再彻底压炼一遍，直到它变得光滑致密。

腌渍黄油

20 世纪以前的常见习俗是用"卤水"储藏若干自制黄油，即把黄油腌渍在大罐或大桶的盐水中，这样能保存几个月，应付乳制品相对稀缺而价格不菲的冬季。1887 年出版的《白宫食谱》介绍了这种方法："首先，将黄油压成小卷，每个用干净的平纹细布包裹，再用细绳扎紧。配制盐水，比方说 3 加仑，加足够的盐，要求能浮起一只蛋；加半茶匙纯白糖和一汤匙硝酸钾；煮开盐水，晾凉后仔细过滤。将盐水倾倒在黄油卷上，浸没黄油，这样可以排除空气。再压上一块重物，使黄油保持在水面以下。"食用腌渍黄油之前，我们热爱黄油的祖先要把它放进清水里泡几个小时，脱除盐分，直到适合入口。

出售黄油

依靠黄油赚取收入的家庭农场会使用定制的印模、滚筒或装饰模具在黄油上压印商标图案。许多女工自豪于将黄油"揉塑"成不同形状，称为印块，然后在上面压印图案。桑迪普这方面的藏品颇丰，其中有一件雕刻精巧的分联模具，像是一架带合页的微型折叠屏风，它可以将方块黄油的每一面都压印上图案。

夏天，欧洲从事乳品生产的女性常常用绿色植物的叶子包裹黄油，一般是榆钱菠菜的叶子。这种植物俗称黄油叶，每年在菜园种植它的唯一目的便是用于包裹和保护黄油。它纹路细致的叶子足够宽大，浅绿的颜色也将黄油衬托得更加诱人。如果没有它，也会使用葡萄藤叶和白菜叶。叶子包裹的黄油不仅外观悦目，而且在放入和取出菜篮时不会沾上任何手印。

19世纪末的英国，黄油在一些地方是"论码"卖的。生产者带着长方形的篮子来到市场，篮子里装满了3英尺长的细黄油棒。（这种形状想必是挤压黄油穿过一根细管制成的。）买家说出自己需要的"长度"后，卖家便用环规量出，贯穿切开。这种形状的优点在于，女佣和主妇可以将其切成细圆的小块，方便每餐食用。

许多农妇使用专有的手工雕刻的黄油模具为她们的黄油印上标记和图案，然后再拿到市场上售卖。
（图片来源：桑迪普·阿加瓦尔，butterworld.org）

一个19世纪到访英国乳品作坊的加拿大人罗拉·罗斯（Laura Rose）记载说，访客可以根据本地黄油的形状判断自己所处的郡县："在使尽全力揉捏完黄油之后，她将其称量分为一磅一磅的，每份滚成圆球，再按压成牛津印块的形状；在那里，任何其他形状的一磅黄油你都别想卖掉。但是，在几英里外的班伯里，牛津印块的黄油谁也不会买，那里的市场只要求朴素的黄油卷。英国人的保守由此可见一斑。"

规模较大的欧洲乳品场推向市场的是大块的黄油，法国人恰如其分地称之为"黄油墩子"（motte de beurre）。这些大黄油墩重10~20磅，制作方法是将湿平纹细布铺在圆锥桶或水果篮里，再把它装满黄油。到了市场上，将容器翻转过来，剥除细布；出售时，卖家根据顾客的要求从黄油墩上切下或厚或薄的黄油片。今天欧洲的许多地方仍然采用这种方式卖黄油，特别是在法国，那里的黄油墩子通常分为三种：无盐（doux）、轻盐（demi-sel）、重盐（salé）。

19世纪早期美国市场上的黄油形状各异，取决于你所居住的地区。在东部沿海城市，如纽约和费城，可以见到从爱尔兰和丹麦舶来的盒装和砖形的海外黄油，与之竞争的是模制齐整、手工压印的本地黄油。但在19世纪初期至中期的美国小镇，拿去出售的农场黄油一般都没有什么装饰。奶农妻子直接把她的黄油盆装上四轮马车或轻便马车，戴上帽子，就出发前往乡村食品杂货店了。店主品尝后再决定黄油的价钱。那时的乡村老板必须是精明的买家，因为供货人（包括农妇）倾向于在商品的重量或质量上作假。

19世纪美国乡村市场和劳工杂货店最常见的是粗制木盒装的黄油，或者以重复使用的布包裹的厚卷黄油。而要想在获利丰厚的上档次的城市食品店售卖，形状和包装就必须更加标准化。于是，发明出了手动的黄油压模，可以将单个黄油模块转压成标准的小砖。有意思的是，这一趋势如今出现了反转：高档食品店出售的是切割粗糙、用朴素防油纸包装的黄油，而压印品牌的整齐划一的黄油块则摆满了每家超市的货架。

19世纪末，当乳品生产的女性手工业开始向男性商业转移时，欧洲和美国的农场黄油生产及其简单工具也渐渐走向没落。不出一代人，一千多年的传统将土崩瓦解、烟消云散。我欣喜地站在桑迪普收藏的如此多的老古董中间，其中许多也是他费尽心力才成功复原。"下班后，我喜欢跟这些工具待在一起，清洗和修理它们，"他说，"要不，我就搜寻与它们相关的史实，这样我就能理解所有这些工具是如何组合成为一个黄油世界的。"我们一起小心地把这些工具重新打包，放回到其他黄油古董中间。这时桑迪普补充说，他不会把这些物品藏之深山，而是计划在一家博物馆或乳业机构永久地陈设和公开展示它们。"我喜欢搜罗这些宝贝，"他说，"但我主要还是想与大家分享手工黄油了不起的历史。"

　　　1766 年发生于哈佛大学的"黄油大造反"是有案可查的美国首次学生抗议行动。自 1636 年建校以来，学校的餐饮服务始终是个问题，黄油质量极其低劣。据说，一次餐食供应了变味严重的黄油，由此导致阿萨·邓巴（Asa Dunbar，亨利·戴维·梭罗 ① 的外祖父）跳上自己的座椅，宣告："看! 我们的黄油臭死了! 给我们不臭的黄油! "这一呼喊得到了半数学生的响应，他们因而相与起身抗议，离开食堂。这些学生随后遭到停学。但最终他们获准重新入校，只是不知道黄油是否发臭如旧。

　　　　　　　　　　　　　　　　　　　　——《哈佛绯红报》②

---

① 亨利·戴维·梭罗（Henry David Thoreau，1817—1862）：美国作家、哲学家、超验主义代表人物。代表作为《瓦尔登湖》。
② 《哈佛绯红报》（The Havard Crimson）：哈佛大学的学生日报，创刊于 1873 年。

6

革命：
男性、人造黄油之战和黄油大炮

很少有人不曾仰慕挤奶女工的完美形象，她用丰满浑圆的双臂高举起金色的黄油团块，将它拍打成合适的形状，而今这一形象已消失无踪。她劳作时的甜美嗓音也一去不返，取而代之的是乳品厂货车行进的咔嚓声……蒸汽的嘶嘶声，重型机械的隆隆声，混合着男工沙哑的嗓音，他们忙于照应大规模乳品生产中的种种细节。

——内布拉斯加乳品工人协会 1887 年年报

威斯康星州中部，沿流动迟缓的黑河延绵着数英里绿草茵茵的牧场，道路从中蜿蜒穿过，格林伍德镇（Greenwood）便坐落于此，几代农人与他们的奶牛在此繁衍生息。这里难以见到现代化的迹象——直到格拉斯兰乳业（Grassland Dairy）闪亮的总部大楼映入眼帘。座座钢制筒仓如塔楼般高耸入云，工业园区蔓延伸展，格拉斯兰如同一头现代黄油产业的庞然巨兽。

在这家先进的乳品工厂内，我穿戴好必需的消毒白外套和发网，跟随特雷弗·维特里希（Trevor Wuethrich），这家巨型家族乳品企业的副总裁，走过一尘不染的厂房室内通道。"我们每天收到的牛奶超过 500 万磅，"他在机器的轰鸣声中提高嗓门说道，"来自大约 850 家不同的生产商。"（工业化牛奶以磅计重，因为付酬给奶农是按重量；一磅牛奶相当于一品脱多一点。）每去一处，我都被巨大的不锈钢管、桶和仪表所折服——这是一个现代乳业巨人的解剖构造。

格拉斯兰的三台连续搅拌器每小时产出 42000 磅黄油。这些长炮口机器——法国人叫作黄油大炮——先将奶油灌注进一个低温高圆桶，在那里高速叶片搅打不到 3 秒钟就能形成黄油团粒。（相比较，一台商业不锈钢圆桶搅拌器耗时 30~60 分钟，取决于奶油的量。）然后，连续搅拌器内的黄油团粒从一个打孔的盘通过，除去其中的酪乳。接着，黄油被一台双桶挤压机瞬时压炼成平滑、洁净的固体，进入包装工序。

从任何历史尺度看，黄油生产从昔日手工艺到当今高度工业化的飞跃是相当快速的。此前的一千多年里，黄油生产的习俗和方法基本上原封不动。但是，随着工业革命曙光的来临，有关乳产管理的科学思想便在西方国家源源不断地出现和扩散。不久，科学家、商人和工程师全都怀着高涨的改革热情涌入乳品作坊。与当时所有其他行业一样，乳品行业也从此脱胎换骨。一套更标准化的黄油生产流程被设计出来，管理权转移到了男性手中，但最初操作者仍然主要是年轻女性，她们中很多人被要求到男性管理的本地乳品学校参加培训班。

这种转变对多数女性而言并非易事，她们所秉持的古老方法突然之间备受质疑。当时的历史记载中充斥着贬损的言辞，对女性落后的手工传统以及她们如何妨碍黄油生产技术的进步大加挞伐。历史学家乔安娜·伯克（Joanna Bourke）在她1990年的文章《乳坊女工和深情的主妇》中提到，乳坊女工和主妇被认为阻挡了进步的车轮，正如爱尔兰国家教育署1885年的一份报告中所主张的："女人囿于家庭的狭窄圈子，没有时间阅读，没有机会见识改进的工艺，对市场所需黄油的不同品质常常毫不知情，因而几乎不可能对黄油生产技术的改进做出什么贡献。"

最终，乳品科学的新势头与旧世界的男性沙文主义联起手来，攫取了女性在乳品世界的权力和地位。但这一过程是渐进的，因为每一次新的技术变革只会抹除传统黄油生产工艺的一小部分。

最具开拓性的一项创新是1878年古斯塔夫·德·拉瓦尔（Gustaf de Laval）发明的离心乳脂分离机。它能够以快得多的速度和更有效的方式将乳脂（奶油）从乳中分离，由此彻底改变了乳品和黄油工业。

德·拉瓦尔的乳脂分离机利用离心力工作。仅仅通过快速旋转，就可以使不同密度的液体——如乳脂和乳——相互分离。连续工作的离心乳脂分离机每小时可处理300磅乳液。德·拉瓦尔还完善了一种小型家用离心机，女性可以轻松操作，加快她们的黄油生产。

工厂和家庭两种乳脂分离机的成功应用使农场主骤然获得了一种新的经济作物：新鲜甜奶油。到 19 世纪末，德·拉瓦尔从根本上改变了全世界处理牛奶的方式，也极大地改变了黄油的口味和生产效率。人们不再需要花一天或更长时间等待奶油层从牛奶中浮出，使用乳脂分离机几个小时就能完成黄油生产。新鲜牛奶从飞转的设备中流过，在出口收集奶油，稍微冷却和短暂成熟后放入搅拌器。制成的黄油有一种此前从未尝过的新鲜口感。

　　于是黄油市场上出现了一个新品种——甜奶油黄油。它的口味与用长时静置、手工撇取的奶油制成的老式黄油截然不同，后者风味更加浓烈。（值得注意的是，今天的新手工黄油界出现了一个或许还不多见的新趋势——使用"手工撇取的"奶油，也就是采用静置牛奶来分离奶油的老式方法。其实践者宣称轻柔地处理乳脂肪球能够得到更优质的产品。）

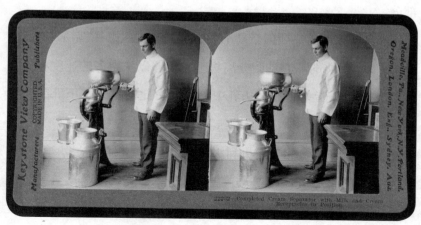

演示乳脂分离机如何工作，约1919年。（图片来源：国会图书馆复制服务）

德·拉瓦尔的乳脂分离机，以及随后登场的众多仿制机，激发了商业乳品厂（亦即黄油工厂）在许多乳产区蓬勃兴起。它们将众多农场的牛奶归拢到一处集中处理，快速产出黄油，这无疑有利可图；于是破天荒地，黄油生产毫不客气地从农场向工厂转移。

这种变化对一些农场主来说是仓促突然的，伊利诺伊州一家农场的女主人艾米丽·霍利·吉莱斯皮（Emily Hawley Gillespie）在日记中对此有所记录。1874 年 5 月 28 日，她写道："我们从今天开始卖牛奶给克拉克先生。他要付给我们的价钱是每 100 磅 80 美分，我们要给莫尔斯先生每 100 磅 10 美分，他负责运送牛奶。"三天后她补充道："我们觉得卖牛奶比自己做黄油更合算。现在我们卖出了 254 磅，得到 20 美元 32 美分，付出运费 21 美分。"艾米丽越来越多地记录她购买而不是制作黄油的花销。

对 19 世纪晚期的许多其他妇女而言，黄油制作依旧是家庭生活的必要环节，但随着生产逐步向乳品厂转移，大型农场的搅拌器渐渐闲置。对许多主妇来说，黄油的生产和销售不再是一个她们密切参与的社会性活动，而是退变为一项她们在自己家中独自完成的任务，目的仅仅是满足家庭成员的消费需求。她们工作的社会性多半转移到了男性身上，他们负责把全脂牛奶运输和出售给乳品厂，带回酪乳或脱脂奶喂养家畜。结果是，女性由此失去了靠黄油生产赚钱和掌握财权的能力，相应地，也失去了因她们的劳动价值而获得的一定程度的身份地位。

　　到本地市集出售或卖给代理商的传统黄油经销体制也开始逐渐消亡；乳品厂将黄油产品直接销售给城市和集镇的零售商。黄油生产从农场向工厂的早期转移真正改变了人类生活和社会关系的结构，而不仅仅是他们的技术。

　　到世纪之交，尽管黄油生产已集中到技术先进的工厂，但仍然依赖体力和人工操作。自动化尚未实现，但乳品制备企业已着手生产更大型的木质机械旋转搅拌器以及专门的机械黄油压炼床。设备体型越大意味着需要的体力更多，因此乳品厂的工作也越来越多地为男性所承担。但在尚未配备大型搅拌器的乳品厂，女工队伍也绝非罕见，她们坚守各自的搅拌岗位，奋力地摇转装满奶油的小型方盒或圆桶搅拌器，一个批次接着一个批次。

　　制冷技术的发明再一次改变了黄油行业。到19世纪中叶，人工制冷技术已被引入乳品场和乳品厂。从冷却奶油便于搅拌、在低温环境中压炼黄油，到保存黄油而不添加大量盐，冷藏技术极大地改变了黄油的生产和经销。并且，冷藏车厢的出现也使得有史以来头一次，新鲜的夏季黄油可以运输到长远距离外的市场，而不用担心在途中熔化。

　　黄油罐头也成为一种时兴的保藏方式，这主要是由19世纪末的阿拉斯加淘金热促成的。前往北极蛮荒之地的路途艰辛漫长，阿拉斯加矿工愿意花大价钱购买能经受这一旅程的优质食品。罐装黄油可以保持新鲜口感和细滑质地数月之久。（黄油罐头现在依然是一种基本食品，主要作为军队给养和供应全世界的热带市场。）

当黄油工业倚靠男性的臂膀一路向好时，与之外观相似的人造黄油也在拓展地盘。1869 年，法国的黄油价格飙升，于是拿破仑三世重金悬赏研制价格低、产量大的黄油替代品，以提供给穷苦阶层和军队士兵。（当时拿破仑三世正准备与普鲁士开战。）

化学家伊波利特·梅热-穆里埃（Hippolyte Mège-Mouriès）观察到，即使奶牛饿着肚子，其牛奶中也含有乳脂，所以这脂肪一定来自它自身的组织。他推断可以通过熬取牛板油中的油脂（叫做 oleo）来复制出这种体乳脂。梅热-穆里埃将动物油与牛奶、盐混合，得到了一种接近黄油性质的可涂抹的混合物。他将之命名为 oleomargarine（十七烷酸［margaric acid］是其中所含的主要脂肪酸）。这位化学家于是赢得了拿破仑三世的奖赏，但他的替代黄油在法国的销售却是一败涂地。（和平的恢复击碎了他对黄油短缺的期望。）他将他在美国的专利卖给了大企业美国乳品公司（U.S. Dairy Company）。（具有讽刺意味的是，许多大型人造黄油生产商同时也是黄油制造商。）

美国乳品公司将人造黄油——用胭脂树籽染成黄色——推销给美国公众，很快企业家们便热衷于投资兴建人造黄油工厂。到1882 年，单纽约一州全年生产的牛肉脂肪涂抹品就高达 2 千万磅。（得说一下，当年的这种基于动物脂肪的人造黄油与今天由硬化植物油制成的人造黄油完全是两种东西。）对黄油制造商构成的威胁立即显现出来。染色后的人造黄油与一般的黄油不分伯仲，然而它的制造成本却远远小于后者。而且，它还常常与黄油混合成"白脱灵"（butterine），一种口味更佳的廉价冒牌货。替代品越来越得到消费者尤其是手头拮据的个人和家庭的青睐，比起以往那些他们仅能负担得起的劣等变质、常常发臭的黄油，这总是更好的选择。

1882 年，纽约州乳品协会副会长 L.B. 阿诺德（L. B. Arnold）向美国众议院筹款委员会证实，人造黄油的存在已经促使乳品厂设法提升他们的黄油质量以保持市场竞争力。但是，他警告说，次等级黄油的生产者——通常是小型农场——正在被人造黄油产品挤出国内和国际市场。那么，优质工业化黄油的生产者还需要等多久才会感受到人造黄油的伪装反叛导致的市场刺痛呢？

根据杰弗里·米勒（Geoffrey Miller）有关人造黄油政治的研究论文《特别利益州形成时的公众选择》，纽约州和马里兰州的乳品行业集结了各自的政治力量，试图推动本州通过一项法律，规定人造黄油必须"以其本名销售、贴标和压印，违者处以 100 美元罚金和 30 天监禁"。于是，一场延续 90 年的黄油与人造黄油的战争打响了，而战斗大部分发生在各州和联邦的立法机构。

加强攻势的乳品行业发动了一场旨在摧毁人造黄油市场的秘密行动，手段是发布诽谤性消息，以吓退人造黄油的消费者。他们描绘出一幅有关人造黄油的骇人画面，说这种冒牌货的原料是"屠宰场的渣滓"。

1884 年，纽约的一个乳品场主委员会发起了另一场猛攻，他们请求州议会完全禁止人造黄油。于是，议会通过了世界上首部判定人造黄油非法的新法律，其中称"任何人不得生产……任何

19世纪晚期，人造黄油与黄油的斗争是政治漫画的常见主题。
（图片来源：国会图书馆复印服务）

意在取代黄油的食品"。一个州接着一个州颁布了相似的禁令，但是纽约的这部法令却在通过六周后被裁定违背宪法。其他州的上诉也赢得了胜利，但是打击已经造成了。到 1885 年，七个乳品生产州的三分之二的人造黄油生产商破产倒闭。一年后，《联邦人造黄油法》颁布实施，其中规定了 2 美分的人造黄油税及每年生产和销售的牌照费。人造黄油生产者被迫每年缴纳 600 美元的费用，批发商每年 480 美元，甚至连零售商也得支付 48 美元（约等于今天的 1200 美元），仅仅为获得人造黄油的销售执照。更多的限制接踵而至：不到十年后，最高法院裁定各州有权禁止有色人造黄油，但允许销售天然白色的种类。

到世纪之交，30个州颁布了有色禁令。有些州议会甚至要求人造黄油必须染上不同的颜色，比如红色或黑色；五个州通过法律要求人造黄油必须染成粉色！颜色之战对穷人和人造黄油生产商是一次沉重的打击，因为它让人造黄油和买不起真黄油的人背上了污名。许多低收入者不得已只好购买所谓的翻新黄油——有人将其比作轮轴润滑油。这种黄油又叫处理黄油或压库黄油，它是通过回收劣质黄油制成的，原料尽是些制作粗劣、储存糟糕的变质、肮脏的东西。翻新黄油的产量不容小视：1905年，美国生产了超过6千万磅的这种黄油。似乎大量翻新黄油都销往了英国，因而给美国黄油招致了恶劣的名声，导致英国人转头从加拿大进口黄油。

翻新黄油的生产者声称他们的流程净化了乳脂，也没有任何东西会污染最终产品。所以，在他们经营的多数时间里（一直到20世纪40年代初），都能凭借这种假象高枕无忧。毕竟，政府更关心打击人造黄油生产商，而不是解决黄油卫生问题。但是，在20世纪初的一个著名案例中，食品及药物管理局（FDA）的新奥尔良办公室征召了一位化学家，请他检测一批他们缴获的奇臭无比的压库黄油。这位化学家证实了，由于在搅拌的奶油中存在蛆，所以出售给公众的黄油产品中也混入了蛆脂肪。

欧洲人也拿起法律武器捍卫他们的黄油领土，抵御人造黄油的进犯。1888年，丹麦最早通过一项法案，强迫销售人造黄油的商店摆出"警告"牌，严禁人造黄油混合五成以上乳脂，并且禁止在人造黄油中使用黄色色素。没有黄色伪装，丹麦人造黄油就败下阵来，失去了利润丰厚的英国市场。英国和法国限制人造黄油中加入的黄油不得超过10%，而德国和奥地利则完全禁止两者直接混合，并指定所有人造黄油必须混合10%的芝麻油。比利时走得更远，强制人造黄油生产者加入芝麻油以及2%的干马铃薯淀粉，这样便不可能与黄油搞错了。

尽管如此，世界上所有的法令在保护黄油生产者方面都比不上另一条简单的策略：提高黄油质量。人造黄油和白脱灵比劣等黄油口味更好，价格低得多，所以精打细算的消费者会买哪个是没什么疑问的。如果价格上不能击败人造黄油，那么唯一的办法就是靠口味来赢得消费者的心。丹麦的黄油生产者改弦更张，将低级市场扔给人造黄油，而专注于高级黄油生产。

> 还记得20世纪60年代，我小时候，爸爸一边在吐司上涂抹黄油，一边摇着头暗示说，任何家庭要是被逼得吃人造黄油了，那肯定是遇上困难了。我想，他那预知不详的点头正对着邻居的房子。
>
> ——希拉·钱伯斯（Sheila Chambers）

来自人造黄油的威胁实质上促进了丹麦乳品行业的革新。1882年，丹麦成立了农业研究实验室；不出十年，富有远见的研究者向乳品场引介了巴氏消毒法，意在用这种加热牛奶的杀菌方法防止黄油腐败变质。众所周知，巴氏消毒法是一把双刃剑，高温在杀死天然微生物的同时也会导致牛奶口味变淡。但是市场似乎并不在意。

正如新技术撼动一个行业时所经常发生的，那些未能适应20世纪初乳业革新的黄油商人也迅速被历史抛弃。一个多世纪里，科克黄油交易所牢牢占据着向海外市场出口黄油的领先位置。但到19世纪末，诸多因素纷至沓来：黄油口味发生改变（更新鲜、少盐），他国生产者的竞争力增强，冬季南半球成为新的黄油生产地，制冷技术和罐头加工愈加普及，乳品厂的高质量黄油登上舞台，所有这些因素共同摧垮了爱尔兰的手工农庄黄油的出口市场。

经典的爱尔兰小桶加盐黄油在精明的荷兰与丹麦商人面前败下阵来，后者发明了另一套改进质量和一致性的系统：他们从农场主那里批量购买黄油，每周数次，然后将各批次混合起来，制成色泽、质地和口味统一的产品。

另外，丹麦人还巧妙地完善了全年生产机制，这与爱尔兰的季节性产出形成强烈对比。能在冬季向获利丰厚的英国和欧洲市场提供新鲜黄油，不仅帮丹麦人赚得盆满钵满，而且使零售商愈加依赖并习惯性地囤积丹麦黄油。相反，爱尔兰黄油的利润大大缩水，因为它只在春夏两季上市，那时的价格是最低廉的。雪上加霜的是，爱尔兰生产商常常在冬季失去与经销商的联系，进而不得不在来年春天为博取对方的欢心和夺回市场而开出更多的折扣。

1924年，科克黄油交易所永久关闭。从许多方面看，科克的黄油统治地位的终结也象征着数千年农业黄油生产时代的落幕。

与此同时，乳品厂黄油生产的技术革新仍在继续。我有意拜访格拉斯兰乳业而不是其他的工业乳品厂，比方说同样连续搅拌按吨计的甜黄油的蓝多湖公司①，原因之一是格拉斯兰作为一家家族企业的历史反映了20世纪工业革新的步伐。格拉斯兰创立于1904年，创始人约翰·S.维特里希（John S.Wuethrich）是来自阿尔卑斯山区的瑞士移民的儿子，自小就学习使用桨式搅拌器以传统方法制作奶酪和黄油。维特里希的威斯康星乳品厂的第一台搅拌器是一台雪松圆桶搅拌器，依靠滑轮系统转动，由蒸汽发动机驱动。启动之后，它便像干衣机一样甩动奶油，原料是维特里希每天从差不多25家本地农场收购来的。一般每次运行40~60分钟，可搅拌出约250磅黄油。在沥干、洗涤和压炼后，黄油被手工包装进每只50磅的木盆，然后运往芝加哥的市场销售。

蒸汽动力搅拌器一直使用到1930年，之后被一台崭新的电力驱动的雪松圆桶驱动器替代。当时那是一台相当先进的机器，体积大得多，内部的挡板可以给予奶油更多搅拌，从而缩短搅拌时间。

大萧条开始后维特里希还能扩大生产，这要归功于他精明的经济头脑。但是，1931年，联邦政府在黄油与人造黄油的立法战中给予黄油生产者的一项激励同样助了他一臂之力。一项针对1886

① 蓝多湖公司（Land O'Lakes）：美国明尼苏达州的一家农业合作企业，是美国最大的黄油和奶酪厂家之一。

年《联邦人造黄油法》的新修正案获准通过，填补了天然黄色的
人造黄油的税收漏洞。所有黄色人造黄油此后均须缴纳税款。制
造业做出了巧妙的反击。因为法律没有禁止消费者在家中添加黄
色食用色素，所以生产者为他们的人造黄油附加了小包装的黄色
色素。最终消费者再一次买了单，他们不得不亲手在碗中混合人
造黄油和脏兮兮的染料，甚为不便。这不仅费时费力，而且最终
的成品常常不是五彩斑斓，就是黄白条纹。难怪很多主妇忍不住
埋怨说："为什么他们就不能在工厂里把人造黄油染黄呢？"

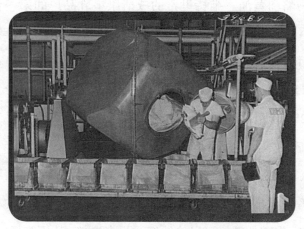

1941年，一家大型乳品厂的工人正从一台巨型机械搅拌器中取出黄油。
（图片来源：国会图书馆复制服务）

　　具有讽刺意味的是，在数十年保护黄油免遭人造黄油竞争的激
烈的立法纷争后，美国政府最终却为人造黄油的盛行铺平了道路，
原因在于第二次世界大战对它的征募。虽然早在十年前大萧条造
成的经济困难就已让人造黄油东山再起，"二战"的爆发却给它的

零售又一次强有力的推动。

战争期间工厂黄油成为稀缺商品，部分原因是男人们都上了前线，劳动力短缺。同时，乳品厂生产的任何黄油也常常挪于军用。随着短缺的加剧，黄油和其他乳脂均被列入了战时配给食物的名单。1942 年，每个美国人包括儿童在内都被发放了一本六个月的配给票簿，每月共 48 点。配给点被分配到不同的食物上，取决于食物的短缺程度。比如，1943 年 6 月，0.75 磅黄油需花费 6 个点，而 1 磅人造黄油只需要 5 个点。考虑到它低廉的价格和更长的保质期，许多家庭于是转向人造黄油。虽然猪油和植物油已于 1944 年春天取消配给，但黄油和人造黄油的配给一直持续到 1945 年末。

不过，战时许多家庭依然偏爱黄油的口感，他们迅速学会了如何最好地利用每一份配给。一个扩容黄油的绝妙招数是利用明胶和牛奶。诺克斯明胶①最早分发给主妇的菜谱小册子上承诺说能够"将你的黄油延展一倍"。这种技巧对主妇来说相当简单。首先她将明胶溶解在水中，加入牛奶和盐（喜欢的话还可以添加色素）。再将这一混合物搅打进非常柔软的黄油里，直到充分混合，最后把它冷藏结实。诺克斯明胶看上去很像人造黄油，闪亮、光滑，但尝起来特别像黄油（尽管口感稍有一点古怪）。按照菜谱中说明的比例操作，果然能够将一条黄油变成双份，但要注意：这种涂抹品

---

① 诺克斯明胶（Knox Gelatine）：查尔斯·B. 诺克斯于 1890 年创建的明胶工厂和品牌，1908 年查尔斯去世后工厂由其妻子罗斯·诺克斯继续经营，罗斯后被誉为美国最成功的商业女性之一。

只适合餐桌食用，而不能用于烹饪。用它来烘焙的话，根据菜谱不同，多少也会有点问题。

"二战"虽然摧垮了黄油销售，将人造黄油从管制下解放出来，但战争结束后搅拌技术却获得了繁荣发展，原因是军工企业改弦更张，转向工业设备生产。战后所生产的巨型不锈钢设备有很多今天仍在使用。当我访问位于威斯康星州蔡斯堡（Chaseburg）的有机谷 ① 的黄油工厂时，那里的一台巨型钢桶搅拌器——大约有一间独车车库大小——每一个半小时加入一次奶油，每天产出 3 万磅黄油。如此巨型的搅拌桶需要做一些物理改造，我去的时候正好黄油准备出桶，就看到了如下操作：工人不像操作小型搅拌器时把手伸进桶里铲出黄油，而是导引一艘不锈钢长"舟"（像带轮子的深槽）驶入搅拌器的圆口，然后缓慢地转动圆桶，使巨大的黄油块旋转到顶部，接着像雪崩一样掉落到舟中。

20 世纪 40 年代末，新型连续搅拌器问世。它的名称 butyrator 源于拉丁语的"黄油"（butyrum），听起来像是一位超级英雄，所以对乳品工厂主来说再适合不过，他们利用这一巨型新式武器每小时可以生产出一吨以上的黄油。这给黄油产业带来天翻地覆的变化。随着时代的发展，连续搅拌器的性能也在不断攀升；今天，计算机控制的设备每小时可以搅拌出 22000 磅黄油（差不多每秒钟 6 磅）。

---

① 有机谷（Organic Valley）：美国最大的有机农场合作企业，主要从事有机乳品生产，成立于 1988 年。

　　高速设备使得黄油生产更快、价格更低，但却并不一定使它变得更好。我在现代黄油生产之旅的一个最意外的发现是，黄油质量实际上与搅拌之前和之后的过程更加相关。搅拌奶油是相对简单的部分。从格拉斯兰及我所到访的其他现代乳品厂那里我认识到，一个优秀的黄油生产者知道，他的工作在扳动开关之前就已开始了。

计算机控制的现代搅拌器，比如这台伊瓦尔松[1] 连续搅拌器，每小时产出黄油多达22000磅。
（图片来源：伊瓦尔松公司）

---

① 伊瓦尔松（Ivarson）：美国威斯康星州的一家制造乳品生产设备的企业。

7

分子黄油：
风味制造物理学

我的阿尔萨斯童年的一个清晰的回忆是，跟着祖母到高地去找她的黄油工，尝他做的黄油，听他们谈论天气的细枝末节如何体现在当年夏天的黄油里，就好像山谷那边我酿酒的亲戚们谈说天气如何影响这一年的葡萄酒。

——马多·施皮格勒（Mado Spiegler）

鲍勃·布拉德利（Bob Bradley）博士刚刚尝了一种我带给他的黄油，不太满意。"首先感觉像吃了一口盐，"他说，"然后有一点氧化。还有点像硬纸板。"他将瘦长的身体转向他的同事玛丽安娜·苏姆科夫斯基（Marianne Sumkowski），等待她对这种黄油的反馈。她点头表示同意。

我们三人所在的地方是威斯康星大学麦迪逊分校的乳品研究中心（CDR），布拉德利是这所大学的食品科学荣休教授，一位有着50多年研究和实践经验的资深黄油专家。

我咨询到的黄油生产科学方面的专业人士几乎都向我推荐布拉

德利,这位威斯康星的泰山北斗和行业手册《更好的黄油》的作者。布拉德利还是一位训练有素的黄油评委和技术裁判。他有本事在一块黄油样本中找出 20 种不同的风味缺陷,9 种质地缺陷,3 种色泽和外观缺陷,以及 2 种盐分相关的缺陷。(谁能想到一条普普通通的黄油能有这么多毛病?)他同意向我展示他是如何评判黄油的——条件是我带黄油,他带苏姆科夫斯基(另一位技术性品尝老手,CDR 的乳品安全与质量协调人)。

布拉德利和苏姆科夫斯基一份一份地品尝,只从每份样品中取出一小块。桌上的所有黄油均处于低温,约 55 华氏度(约 13 摄氏度);低温对深挖取样和准确评价至关重要。取样方法很简单:插进取样器,像钥匙在锁孔中转动半圈,然后拔出。取出的长条——像是一根肥厚的黄油手指——接着进入多种感官的评测环节。

在黄油样品的打分卡上,外观和质地(相对于口感)的分数一般是风味的一半。评分者根据低温下的涂抹性评分。一种简单的质地缺陷是水分过多,即"稀烂"。布拉德利解释说,正确的压炼方法可以消除这一缺陷,不过冷冻再解冻的黄油基本上总会比较稀烂。如果黄油发黏、易碎,或结构松散以致难以取出固体样本,那么就属于质地低劣。"松脆的"黄油常常显示裂缝或离析,不同于"粗糙的"黄油的缺陷。

口感上,优质黄油的质地应该有点光滑、平顺,而发黏的黄油一定是滑溜溜、油乎乎的。黄油在舌头上熔化的速度应该相对缓慢,这样你才能完全品尝到其中所有化合物的美味。有颗粒感的加盐黄油一般评级不高，尽管爽脆的海盐晶体——布列塔尼的悠久传统——如今又受到手工黄油制作者们的欢迎。

　　黄油的天然色泽取决于牲畜饲料中绿色植物——青贮饲料、青草或苜蓿——的含量。绿色植物越多，黄油的黄色便越深，这是植物中的 β- 胡萝卜素所致。但是，夏季生长季节越往后，青草通常更加成熟和坚硬，奶牛消化分解也就越发困难。所以，这个阶段奶牛吸收的 β- 胡萝卜素就少于青草鲜嫩的春天，这也是春季草饲黄油颜色最为金黄明亮的原因。（有些品种的奶牛还能从身体组织中动员更多的 β- 胡萝卜素，使黄油色泽更为金黄。）

　　一个不太为人所知的事实是，美国法律许可其乳品生产商在黄油中添加无味的天然色素，比如胭脂树红，而无须在产品标签上予以说明，但其他食物都必须在标签上标明所使用的色素。这种特许权可以追溯到上世纪与人造黄油的战争。所以，深黄金灿的黄油并不一定来自快乐啃食牧草的奶牛。

　　曾几何时，面向农场主和乳品厂发行的乳业杂志充斥着黄色色素的广告，染料一般来自植物油和碾碎的胭脂树籽。色彩有时过于抢眼，以至于搅拌的产物更像奶酪而不是黄油。今天绝大多数生产者不再调整他们的黄油颜色，淡色或许还算不上行业规范，但已经被广泛接受。不过，如果金黄色的草饲黄油受到追捧，进而鼓动起模仿者的热情，情形可能又会发生改变。

　　在品尝每份样品之前，布拉德利会先闻一闻，看有没有明显的变质的气味。理想情况下，黄油应该有一种新鲜的奶香，略带一丝甜味和丁二酮味——形成"黄油风味"的主要化合物。发酵黄油可能带有一股类似法式酸奶油（crème fraîche）的愉快的酸味。某些异味，如洋葱味或大蒜味，可能来自牲畜的饲料，它们或许啃食了野香葱或野韭。如果储藏空间靠近发臭的东西，或者储藏时间过长，那么也会破坏黄油的气味；最终黄油会变质，散发出酸败味和霉味，像老旧的胶底运动鞋的气味。

我请布拉德利解释一下他在一个样品中闻到的"纸板味"，他说罪魁祸首是氧化作用。"氧气与黄油中的不饱和脂肪酸反应会生成醛类物质，这类物质散发出的气味像是硬纸板。"

布拉德利和苏姆科夫斯基结束了观察，接下来开始品尝。"你在嘴里吮吸嚅动，找寻感知滋味的位置"，布拉德利解释说，"甜味和咸味在舌尖，酸味在舌体两侧，苦味在舌根。然后，在你鼻子后方还有一个嗅觉系统，所以当黄油在你舌头上熔化时，你还要试着用后上方这块儿感知黄油的气味，看会不会闻到什么缺陷。"

无盐黄油生产中还常常添加乳酸——被认为是一种天然添加剂——它能降低黄油的 pH 值，起到食盐的防腐作用。不管是添加进去的，还是自然发酵生成的，比例合适的乳酸总会极大地提升风味。品尝师希望找到那种与黄油品种相对应的平衡。

丁二酮也必须适量；虽是好东西，过多的话却会让黄油有粗粝和刺激的口感。丁二酮天然存在于黄油中，是成熟或发酵的结果，但一些生产商为了提升风味也会额外添加丁二酮与乳酸的混合物。（在成分标签上，添加的丁二酮只会简单地归为"天然添加剂"，原因是这种化学物质是由牛乳或乳清发酵而成，并非人工合成。）一个未经训练的味蕾很难辨别添加了丁二酮的黄油——它只是尝起来格外有黄油味。但专业品尝师常能发现端倪，因为它的口味稍显浓缩并留有后味。

酸败既是一种滋味缺陷也是一种气味缺陷。布拉德利解释说，导致新鲜甜黄油产生轻微的婴儿呕吐物气味的原因是，脂肪酶——存在于乳制品当中的一种在室温下活性较强的酶——催化分解了黄油中的短链脂肪酸。形成的酪酸有一种酸败的滋味和气味，并随着时间的推移越来越浓重。

几十年前使黄油品级降低的某些风味特征如今或许依旧味道不佳，但却勾起了人们的兴趣。比如，乳清味是一种温和的奶酪味道，用乳清（奶酪生产的副产品）中残余乳脂制成的黄油便带有这种味道。很多人，包括我在内，喜欢这一刺激口感；我们真的愿意为乳清黄油多掏钱。类似地，一种略带青草和香草的风味如今也被黄油迷们引以为赞，他们喜欢复杂的风味，而不是简单清爽的奶油味。（不过，工业黄油生产者还是按规矩对奶油进行"蒸汽蒸馏"，以减少"牧场风味"。）

乳脂易于变质、腐坏、发生化学反应，因而生产过程充满变数。鉴于黄油在风味和质地上可能出现的种种问题，而今天的多数黄油产品质量即使不算出众，也均属优良，这不能不算是一个奇迹。

现代制冷和消毒技术对此助益颇多。但是，要生产出质地完美、风味浓厚的黄油（相比于质量良好但粗糙平淡的 DIY 黄油），还依赖于搅拌前后的若干关键步骤。

　　上乘黄油起步于优质的奶油。生产甜黄油的奶油必须非常新鲜，有一定酸度（pH 值为 6.6 或稍高），无变质的气味或滋味。如果产出奶油的牛奶来自食用多种优质牧草的奶牛，那就更好了。（牲畜饲料的来源对甜黄油的风味更加重要，因为这种黄油是一块干净的白板，可以体现出微妙的口味；发酵黄油则由于生成的酸度和内酯风味而掩盖了动物饲料的细节。）

在现代微生物检验实行之前，黄油生产者会常规性地嗅闻新鲜奶油，检查是否存在缺陷。
（图片来源：国会图书馆复制服务）

　　取得奶油之后，接着是一系列对优化黄油质地非常要紧的步骤。质地对黄油品尝体验至关重要，但如何保证黄油质地却是一件棘手的事情，这是奶油不稳定的性质所致。过去，我不知道为什么有的品牌的黄油非常稠密——一种柔滑的嚼劲——并且涂抹起来相当平滑，而这些是我自己在厨房里做黄油时怎么也达不到的。现在我知道原因了。黄油的平滑质地源自对奶油中脂肪分子的结构和比例的控制，这些乳脂分子有的是坚硬的晶体，有的是柔软的流体。通过对奶油的加热和冷却——这个过程叫作物理成熟或冷热处理——可以改变脂肪的稠密度，从而形成更易于涂抹的黄油。

天然较硬的乳脂肪一般来自冬季牛奶，其中含有较多的饱和脂肪晶体和短链脂肪酸，如不进行冷热处理，那么产出的黄油就会坚硬结实。另一方面，富含柔性不饱和脂肪的奶油则会产出松散、黏腻的黄油；这种情况的原料一般是夏季牛奶，这个季节奶牛以新鲜青草为饲料。

在冷热处理前先对奶油进行高温巴氏杀菌（大多数国家的法定要求）。如果生产者使用冬季奶油，那么物理成熟一般经历一个冷—热—冷的温度调节过程，共持续 12 小时或更长时间。如果使用软脂肪多的奶油，那么温度调节的顺序是热—冷—冷。总体目标是形成 40%~45% 的乳脂肪结晶，这样黄油就会达到一定的硬度，但又不至于因晶体太多而变得松脆。冷热处理的神奇之处还在于，它能使每个脂肪球中央的水分游离到外表，从而帮助脂肪球在搅拌时相互聚结，得到更为均匀的黄油。

许多小型黄油生产商没有实施这些精细调控的设备。但这些小工厂仍然花较长时间（常常是 12 小时或一整晚）进行奶油的物理成熟，温度固定，但会根据乳脂肪的季节性软硬度做调整。这样不太准确，但的确会改善黄油质地和搅拌时间，减少酪乳中的脂肪损失。

所有的黄油都需要物理成熟，但制作传统的发酵黄油要求同时进行"生化成熟"，以形成更浓烈、更复杂的风味。对奶油双管齐下。生化过程指生产者向奶油中添加产生乳酸的混合菌种，使之在冷热处理过程中逐步、准确地发酵。

鉴于用发酵奶油制作黄油的娴熟而悠久的传统，当我得知今天市场上许多所谓的发酵黄油都未曾经过乳酸菌缓慢、精巧地成熟，我很是惊讶。实际上，它们只是在搅拌得到的甜黄油中简单添加了天然风味化合物，如丁二酮和乳酸蒸馏物，获得了发酵黄油的风味，却省却了生产上的不便。这种称为 NIZO（它的诞生地荷兰乳品研究所的首字母缩写）的方法发明于 20 世纪 70 年代末，当时黄油产业正头疼于天然酸性酪乳供给过度的状况，这是真正的发酵黄油生产的副产品。有了 NIZO 法，这个问题就迎刃而解；从搅拌器排出的是含水多的奶油（说法矛盾但却不错），而非酸性酪乳，因为酸性风味是在搅拌和沥干之后添加的。使用 NIZO 法，乳品厂还能加快生产速度，因为没有必要进行奶油杀菌和花费 12~24 小时发酵。也无须对发酵中的微生物反应加以仔细监控。

这样的即时发酵黄油与真正的发酵黄油很难分别，尤其对一个未经训练的品尝者。实际上，即使是专业的和竞技性的黄油品鉴会也不会区分这两类发酵黄油，尽管事实上其中一种经过真正发酵，而另一种只是具有发酵风味。两者包装上也别无二致。它们都在成分表中列入了"乳酸培养菌"，但并未说明是在搅拌前还是搅拌后加入的。一些美国手工黄油生产者为了消除这种困惑，将他们缓慢成熟的黄油标识为"罐内发酵"或"天然发酵"。除此而外，辨别你所购买的黄油种类的唯一途径是做一点品牌调研（或者参照本书后面的附录 A）。

优质黄油的原产地标注

在欧元区，精选黄油在产品标签上带有优质标识，证明它们的生产遵循了悠久的传统。比如，在法国，黄油包装上加盖的 AOC（原产地标注）印章保证了它的古老血统。法国西南部的夏朗德 - 普瓦图黄油（Beurre de Charente-Poitou）拥有的 AOC 认证特别指明这种黄油只能产于夏朗德（Charente）、旺代（Vendée）或维埃纳（Vienne）地区，所用奶油必须以特定的发酵剂成熟 15 个小时，不得添加任何色素和防腐剂。

法国著名乳品产区伊西尼的经典黄油包装

　　诺曼底的滨海伊西尼（Isigny-sur-Mer）地区位于英吉利海峡的海水与贝桑（Bessin）和科唐坦（Cotentin）沼泽的淡水之间，牧场的土壤富含黏土和淤泥。食用该地牧草的奶牛产出的牛乳中含有特别的矿物质，乳脂含量高，从而赋予了 AOC 伊西尼黄油以独特的风味和色泽。埃希雷（Échiré）是位于法国的大西洋海岸的一个村庄，AOC 德塞夫勒黄油（Beurre des Deux-Sevres）只能授予在埃希雷周边 19 英里范围内放牧的奶牛的牛乳制成的黄油。这种黄油通常称为埃希雷黄油（Beurre d'Échiré），它是用传统的柚木搅拌器而不是现代不锈钢搅拌器搅拌而成，乳脂含量高达 84%（欧元区黄油多数为 82%）。其质地稠密，如松露巧克力般柔滑。

　　产自法国最东部的布雷斯黄油（Beurre de Bresse）最近才被授予 AOC 标注。这种黄油用传统的批量搅拌器制成，以柔软的质地和坚果与香草的风味而知名。

　　现在与法国的 AOC 并行的是与之相似的欧盟的 PDO 认证体系。卢森堡的罗斯黄油（Beurre Rose）获得了 PDO 认证，同样获此殊荣的还有比利时的阿登黄油（Beurre d'Ardenne），这个地区的黄油生产文化形成相对较晚（当地人到 20 世纪初时一般还在面包上涂抹猪油）。产于西班牙中北部的著名的甜性索里亚黄油（Mantequilla de Soria）是一种特别的 PDO 黄油，一眼看去像是一盒撒有糖霜的蛋糕。它只以在高海拔牧场吃草的特定种群的奶牛的牛乳为原料，通过添加糖蜜提升甜度，轻柔压炼一两个小时，直到质地柔软可以压进喷管，然后将黄油旋转注入浅盒。另一种西班牙 PDO 黄油是产自比利牛斯山区的上乌赫利和塞尔达尼亚黄油（Mantega de l'Alt Urgell y la Cerdanya），它的驰名口味源自高山牧场的牧草以及搅拌前长达两天的发酵过程。

对许多业余黄油制作者和自助爱好者来说，奶油突然产出黄油的那个瞬间常常是很美妙的，甚至有点神奇，可以类比于把一块黏软的面糊放进烤箱，然后半小时后取出一块厚实的蛋糕。当然，我们知道，两种转变的发生都有着充足的科学理由，并非高深莫测。

就奶油生成黄油而言，这种转变的基础是乳脂肪球的结构，即固态和液态脂肪包裹在一层稀薄的球膜中。这层精细的外层薄膜使脂肪球分散在奶油的水相中，即科学家们所说的油在水中的分散系。搅拌的目的是制造出一种相反的分散系——水在油中——这便是从生化角度定义的黄油。（我的编辑有个巧妙的解释，说搅拌的作用就像"把奶油从内到外翻转过来"。）

当我们搅打或用搅拌器震荡奶油时，物理动作制造出大量气泡，把脂肪球吸引过来，形成一层"泡沫"（即掼奶油）。（这也是搅拌器只能装一半的原因，空气对这一过程非常关键。）分子间的吸附力使脂肪球聚集在每个气泡的表面。继续搅打更多的空气进入泡沫，施加在脂肪球特别是它们稀薄的外膜上的物理压力就会越大。在受到挤压后，针状的晶体脂肪将刺穿球膜，使之破裂。与此同时，破裂的脂肪球翻滚碰撞搅拌器的隔板和内壁，导致内部的一些液态脂肪从球膜溢出。这种黏稠的脂肪像黏合剂一样把脂肪球黏合起来，使它们不再分散。（这也是晶体脂肪和液态脂肪的比例不可小视的原因；一种脂肪负责破坏薄膜，另一种使脂肪相互聚合。）

到这个阶段，黄油就"生成"了。奶油已经分离成漂浮的黄油颗粒和酪乳。再快速搅拌，脂肪会继续聚合，形成爆米花核大小的黄油颗粒。这时就可以停止搅拌，将占总体积约六成的酪乳从细筛排出。

　　商业乳品厂在排干搅拌器后会取出一些黄油样品，加以混合，然后检测水分含量。美国法律规定黄油的乳脂含量必须至少达到80%，剩余20%大部分是水，也含有微量（1%）乳固形物，其中包括蛋白质、乳糖和矿物质。可以加水调节脂肪的比例。如果生产加盐黄油，那么食盐也在这个环节加入。之后再次开启搅拌器，以较慢的速度将黄油压炼成均匀的固体。

　　产出的黄油接着推送或由管道运输到工作台，进行压型和包装。这一步骤在商业机构通常是自动完成的，但许多手工黄油厂仍采用手工操作。最古老的黄油包装纸是普通羊皮纸，今天依然广泛使用，但它在防止黄油变味和氧化方面效果最差。"你打开包装后用刀刮一下黄油表面，就能看出渗透性包装的缺陷。"布拉德利向我指出，"如果表面下是浅黄色，那说明水分已经跑掉了。储藏时可能已经氧化，产生了异味。"压有蜡或塑料薄层的包装纸更好，但最好的是铝箔纸，它能相当有效地密封黄油。

　　虽然黄油的主要成分是脂肪酸和水，但嵌入其中的一些不可见的有机物也对风味施加了不可忽略的影响。极低浓度的内酯给黄油增加了我们期望的典型甜味。当加热黄油时，内酯前体转化为内酯，形成更加香甜的味道（这也是食物上熔化的黄油比固态黄油在舌头上慢慢熔化让人更觉美味的原因之一）。加热也会形成甲基酮，它与乳糖协同产生了黄油食物特有的浓厚奶香。甲基酮和乳糖参与了烘焙中所谓的米拉德反应（糖和蛋白质的褐变）。总的来说，正是这些不稳定的化合物赋予了黄油面点和烘焙食品不可阻挡的魅力。

丁二酮是所有黄油中天然存在的黄油味与坚果味的典型制造者，它的含量随奶油发酵而增多。但发酵产品中的丁二酮并不十分稳定，储藏时间越长，其分解就越多。黄油趁新鲜赶快吃的理由又多了一条。

二甲醚原本来自奶牛饲料。它能柔化黄油中丁二酮和其他酸性物质的风味，使其不过于刺激、浓烈。

醛类是一个化合物家族，与黄油风味有着爱恨交织的关系。浓度低时，醛类物质可以增加迷人的奶香味，但浓度高时——过度氧化所致（黄油老化或储藏条件不佳）——它们也会散发出异味。

现在清楚了，在解构了黄油及其生产过程之后，我们便闯入到一片相当复杂甚至奇妙的领域。正如食品化学的知名权威哈罗德·麦吉在《食物和烹饪》中所说："黄油的生成是每天发生的奇迹。"对于品质卓越的黄油，道理就更是如此。在品尝环节接近尾声时，终于有一块样品让布拉德利的脸上绽放出了笑容。"微盐，发酵，带点草香，"他说，"这是这些日子里我尝到的最好的一块。"

8

角色互换:
健康饮食有黄油

为了让公众理解而简化一个医学问题的危险在于，我们可能趋于相信我们的过度简化恰当地呈现了生物现实……在饮食和心脏病的问题上……出现的所有症状都表明是饮食中的碳水化合物而非脂肪诱发了心脏病。

——加里·陶布斯 [①]

《好卡路里，坏卡路里》，2007 年

几十年来，茱莉亚·切尔德 [②] 一直担当黄油的最佳推广人，全力劝说我们尽情地打发、舀取和涂抹黄油。茱莉亚一定乐于见到如今她有了一位黄油推销方面的继承人，韦斯顿·A.普赖斯基金会（WAPF）会长萨莉·法伦·莫雷尔（Sally Fallon Morell）。2015 年，我在马里兰州举行的一个有关传统饮食的会议上聆听

[①] 加里·陶布斯（Gary Taubes, 1956— ）：美国记者、作家，低碳水化合物饮食提倡者。著有《坏科学》《好卡路里，坏卡路里》《不吃糖的理由》等。

[②] 茱莉亚·切尔德（Julia Child, 1912—2004）：美国电视名厨，著有食谱《精通法式料理艺术》等。

了莫雷尔的演讲。台下座无虚席，而莫雷尔在台上为黄油及其他天然饱和脂肪回归饮食摇旗呐喊。她通过包含图表、照片和报告的幻灯片，告诫我们食用工业植物油及其中高度吹捧的多不饱和脂肪酸的危险。在为黄油做了激情洋溢的宣讲之后，她用一个到饭店就餐时避免脂肪陷阱的贴士作结："出门吃饭就点简单的食物——然后在所有菜上加黄油。"听众哄堂大笑。但莫雷尔却并非说笑。

> 我总是先给我的鸡来个丰盛的黄油按摩，再把它放进烤箱。
>
> ——茱莉亚·切尔德

　　莫雷尔担任 WAPF 的主席和发言人已逾 15 年。这个位于华盛顿特区的非盈利组织由其成员出资，"致力于将营养丰富的全天然食品恢复到美国人的饮食中"，它的网站上这样写道。这一使命是基于 20 世纪 30 年代韦斯顿·A. 普赖斯（Weston A. Price）所做的研究，这位营养学先驱走遍全世界，将偏远的非工业化地区的健康人群的饮食习俗与发达地区不健康人群的饮食习惯加以比较。从瑞士人、苏格兰人到因纽特人、非洲人的偏远聚落，健康人群之间的原始饮食差别极大，但却具有一些基本的共同点，比如：动物蛋白质和脂肪的自由摄入，精细或加工食物的缺席。相同之处还包括天然或发酵的植物性食物，以及生乳制品。

　　基于普赖斯的比较研究和许多后续（尽管不受重视）关于西方

精细饮食和高碳水化合物饮食的影响的研究，WAPF 长期以来一直劝说美国人抛弃精细谷物和精制糖，避免非天然的多不饱和籽油，回归传统的从头至尾的放牧牲畜制品，包括内脏、生乳、黄油以及禽蛋。

如今，目睹手工乳制品和肉制品的复兴以及 FDA 最近对饮食中禽蛋的豁免，WAPF 有关动物脂肪的立场就不再显得那么激进了。我们已了解到氢化油脂中反式脂肪的危害，也正看到科学界对政府的低脂高碳水膳食指南的日益高涨的批评声浪。让天然动物脂肪回归我们的烹饪不再是不可企及的空想。但是，回到 1999 年，在莫雷尔建立基金会之初，多数主流人士认为她的膳食建议——出版在一本昂贵的食谱《营养传统》中——如若不是不负责任的宣传，那就纯粹是在欺骗世人。彼时的公共卫生和营养专家无不激烈地反对动物脂肪和胆固醇（直到最近才有所改观），原因是大家普遍相信，动物脂肪是美国高涨的心脏病发病率的罪魁祸首。

20 世纪 80 年代初，我还是一个刚拿到饮食学学位的大学毕业生，在专家的指导下投身反对脂肪的战斗。我们的战术似乎合情合理：不吃脂肪就不会发胖；不碰胆固醇，它就不会在你的血管里沉积。

如果这么简单就好了。三十多年后，心脏病依然是最大的杀手，美国人比以往更胖，尽管他们已经接受了美国农业部的建议把膳食中的脂肪减少了 10%。45 岁以上的美国人中有四分之一的人每天服用降胆固醇药斯达汀，可这并没有使我们远离心脏病。美国人还购买大量精瘦的、低脂的或脱脂的食物，以降低膳食中的脂肪、胆固醇和卡路里。然而，肥胖和它的孪生病症糖尿病却愈演愈烈。随着心脏病难以平息地（请原谅这个双关语）继续肆虐，心脏搭桥和血管支架也已经成为常规治疗方法。

这是怎么回事呢？为什么禁食黄油和其他脂肪并没有让我们更健康呢？这些疑问早该提出了，如果你问弗雷德·库梅罗（Fred Kummerow）博士的话，他从 1957 年就开始研究膳食脂肪与心脏病的关系。20 世纪中叶，当他还是伊利诺伊大学的一位年轻研究者时就已对此产生兴趣，当时他说服了一所本地医院提供给他 24 位病人的尸检材料，其中有几人死于心脏病。库梅罗惊讶地发现，人造反式脂肪——一种存在于氢化食用油和人造黄油中的人造脂肪——聚集在人体的所有组织中，包括血管，而尤以心脏附近最多。

库梅罗继续做了大量研究，成为膳食反式脂肪研究领域的开路先锋。研究发现引起了他的担忧，于是他在 20 世纪 60 年代末向美国心脏协会（AHA）游说，建议其在下一版本的准则中加入有关氢化脂肪的警示。那时美国社会面临很高的健康风险，因为人造黄油的销售量已经超过了黄油。并且，在所有种类的加工食品和商业烘焙食品生产中已经用人造黄油代替了黄油；美国人的膳食中充斥着不可计数的反式脂肪。

AHA 尽管原本赞同库梅罗和他的警告，但是却来了个一百八十度大转变，明显是屈服于来自食用油行业的压力，避免发表任何有关反式脂肪的负面报告。AHA 的 1968 年版膳食指导意见的第一版宣传手册中包含了有关氢化油的事实，但却被销毁了，发行的新版本中根本没有提及氢化脂肪。黄油得到了坏名声。

三十多年后，库梅罗和其他反式脂肪研究者的发现才获得心脏健康领域的广泛认可。但是，又花了二十年时间才使卫生政策真正改变。2013 年，FDA 终于宣布，未完全氢化的植物油在食物中的使用并不"普遍认为是安全的"，食用反式脂肪会提高血液中低密度脂蛋白（LDL，即所谓的坏胆固醇）的水平，从而增大罹患冠心病的风险。为了预防心脏病，公众拒绝黄油而尽情拥抱人造黄油，结果却适得其反：人造黄油提高了心脏病发作的概率。

毫不奇怪，心脏病人的数量和发病次数在 20 世纪 70、80 和 90 年代不断攀升。当然，也有其他因素在起作用，比如：抽烟、肥胖、高血压、缺乏锻炼、遗传因素、压力，但却没有人怀疑人造黄油，除了库梅罗和他志同道合的同行。然而，在针对臆想的心脏病凶手动物脂肪的甚嚣尘上的讨伐声中，他们反对人造黄油的声音基本无法听到。

对动物脂肪及其帮手胆固醇的声讨始于 20 世纪 50 年代，始作俑者是一位坚韧不拔的研究者安塞尔·基斯（Ancel Keys）博士。作为明尼苏达大学的一位生理学家，基斯从事心血管疾病研究是半路出家。在其职业生涯早期，基斯出版了一本经典著作《人体饥饿机理》，记录了"二战"期间和战后饥饿造成的生理、心理和认知影响。但是，在 1951 年至 1952 年他到牛津等地休假旅行期间，基斯开始对饮食和心脏病风险的文化差异产生浓厚兴趣。令他疑惑不解的是，心脏病发病率在美国急剧上升，尤其是在男性管理人员当中，但在他到访的地中海国家却保持较低水平。那些国家的居民——许多依然没有摆脱"二战"造成的经济匮乏——膳食中脂肪含量较低，尤其是动物脂肪，这是当时的食品短缺造成的。在审视了美国、加拿大、澳大利亚、英格兰、威尔士、意大利和日本的男性膳食和心脏病死亡率数据后，基斯开始认定，脂肪摄入越多，心脏病死亡率就越高。

他在 1954 年的世界卫生组织（WHO）大会上报告了自己的发现，并宣称，"已经知晓，除膳食中的脂肪卡路里外，无其他生活方式因素显示……与冠心病或退行性心脏病死亡率存在如此一致的关系。"基斯用图表坚决捍卫他的理论，图的一轴是七个地区（不过把英格兰和威尔士合并在一起）的脂肪摄入比例，另一轴是相应的退行性心脏病死亡率。把点相连，得出的结论似乎无可辩驳：脂肪摄入越多，越容易得心脏病。但到了 1957 年，基斯的假设受到强烈抨击，加州大学伯克利分校的生物统计学家雅各布·耶鲁沙尔米（Jacob Yerushalmy）和纽约州卫生局长赫尔曼·希尔博（Herman Hilleboe）披露说，基斯仅选择性地展示了七个地区的数据，而他的全部数据来自 22 个地区。

基斯未采用的地区包括法国、荷兰、瑞士、挪威、丹麦、瑞典和联邦德国，这些地区的居民摄入的卡路里中有 30%~40% 来自脂肪，但他们的心脏病死亡率却大约只有美国的一半。而且，基斯根本没有提到大量食用脂肪的人群，如阿拉斯加的因纽特人，他们的卡路里中超过一半来自动物脂肪，然而他们的心脏病死亡率只有美国平均数的一半。当把其余 15 个地区的数值绘制在图表上，基斯清爽的上升曲线便几乎消失在一群随机点中。如果基斯绘出所有地区的脂肪摄入和人口寿命，那么他将会发现，脂肪吃得越多的人群反而活得越长！

这便是多参数交织的流行病学数据的迷惑力。脂肪摄入更多的人群寿命更长，这并不奇怪，因为他们大多生活在发达国家，食物供给充足，医疗保健发达，但这只是猜测，并非科学结论。由此也引出了针对基斯研究的另一项突出的批评：它所建立的只是两个现象之间的联系（脂肪摄入和心脏病），而并不是明显的因果关系。或许是研究对象生活中的其他因素导致了心脏病呢？拿心脏病死亡率低的日本人来说，他们摄入的脂肪的确比美国人少，但也有可能是因为他们的糖和意大利面也吃得少，或者抽烟更少。

基斯并没有被这些针对他研究假设的批评所干扰。他认为要旨在于远离黄油之类的动物脂肪，使胆固醇保持低水平，从而避免心脏病，而批评者们让其变得复杂难办。1957 年，一个 AHA 委员会发布了由欧文·H. 佩奇（Irvine H. Page）及其同事撰写的一份报告，对基斯等研究者提出质疑，指出他们"不妥协的立场是基于经不住严格审视的证据"；即便如此，对膳食脂肪的指控依然挥之不去。就在三年后，基斯被征召加入一个六人的 AHA 委员会，该委员会于 1960 年发布了另一份膳食报告。尽管在这三年中反对脂肪的证据并未发生改变，但该委员会却正式支持基斯的假设，强烈推荐高心脏病风险的美国人（中年男性为主）减少膳食中的脂肪摄入，以多不饱和脂肪（植物油和籽油）代替黄油之类的饱和脂肪。它将高胆固醇标示为最主要的心脏病风险因素，罔顾这方面的证据与此完全抵触。约翰·戈夫曼（John Gofman），一位著名的脂质研究者，不断指出许多冠状动脉病（CAD）患者的胆固醇水平并不高，另一方面，很多胆固醇高的人却从不得心脏病。基斯声称这些统计结果被误读了或基于错误的数据。虽然他也承认降低胆固醇的益处尚未得到证实，但他却坚持说那只是时间问题。

安塞尔·基斯成为低脂界的代言人，1961 年 1 月《时代》杂志将他捧为封面人物，大标题是"饮食和健康"。在封面文章中，基斯描述了他的保护心脏健康的理想膳食方案：70% 的卡路里来自碳水化合物，15% 来自脂肪（加上蛋白质以保持平衡）。这篇报道只在一段中提到了基斯的假设仍然面临同行的质疑。

除了允许一定量的橄榄油外，基斯和他的同事宣称在膳食中降低所有种类的脂肪是预防心脏病的不二法门，尤其要限制动物脂肪，如黄油、奶酪、禽蛋和牛肉。低脂膳食可能导致的营养缺乏却从未被考虑。人体所有内脏系统的完美运行依赖于脂溶性维生素、胆固醇和脂肪酸，尤其是人的大脑；对儿童来说，脂肪的作用更是至关重要。但是政策制定者和健康专家却急切地拥抱基斯的一刀切方案。结果是，他的膳食 – 心脏理论成为最畅销的头条，以致媒体对基斯的所有批评者基本上都置之不理。

当时一个著名的竞争理论是由约翰·尤德金（John Yudkin）博

士提出的，他是伦敦大学伊丽莎白女王学院的营养学和饮食学教授。尤德金提出，心脏病发病率的上升和精制糖摄入量增多存在更明晰的相关关系。他的研究对象包括啮齿动物、鸡、兔、猪和大量学生志愿者，在让受试者食用了糖和碳水化合物含量高的食物后，尤德金稳定地发现他们血液中三酰甘油（脂肪的一类）水平上升，而这在当时以及现在都被认为是诱发心脏病的一个风险因素。（另外一些优秀的研究者在 1950 年代后期也做出了相同的发现，但在基斯工作的阴影之下，他们大都被忽视了。）

尤德金在 1972 年的著作《纯、白、致命》中总结了他的研究发现，他认为，与脂肪相比，糖与心脏病可能存在更强的因果关系。他说，毕竟人类世世代代都在食用黄油之类的高脂肪食物，而精制糖一直到 19 世纪中叶对多数人来说还是稀罕之物，从那之后才开始逐渐普及。

根据《每日电讯报》上茱莉亚·卢埃林·史密斯（Julia Llewellyn Smith）撰写的报道，英国糖业局立即发出了一个新闻稿，驳斥尤德金的主张为"感情用事的论断"；相似地，世界糖研究组织也把尤德金的著作称为"科幻小说"。依赖糖的食品工业紧接着发起声势浩大的攻击，诋毁尤德金的理论，参与谴责的还有几位高层次的科学家，包括安塞尔·基斯，他说尤德金的证据"压根站不住脚"。

但针对尤德金的主要批评是，他的理论是基于对与糖相关的心脏病增多现象的观察，而并非确凿的解释。他能够指出发生的事情，却说不出背后的原因。这是因为，可以解释他的假设的几条糖代谢途径当时尚未发现。他的发现早了差不多十年。到 20 世纪 70 年代末，尤德金的糖理论被击败，黄油失去了一个重要的盟友。没有几个科学家敢于继续研究心脏病与糖的联系，害怕蒙受相似的羞辱。即使他们有勇气，也不可能找到研究经费，因为任何动摇脂肪假设根基的研究都非常不受欢迎。（相反，植物油行业对可用于推广其产品中的多不饱和脂肪的研究却大方地提供资助。）糖消费开始暴涨，尤其是此时食品工业的工程师发现了多种形式的糖（比如果糖）能够补偿移除脂肪导致的风味损失。加糖的低脂和无脂食品开始摆满各地的超市货架。与此同时，氢化植物油开始充斥西方现代饮食，涌现出大量人造黄油产品、加工食品和看似无害的植物起酥油。（20 世纪 60 年代谁家食品柜里没有一罐 Crisco[①]呢？从战后一直到 20 世纪 80 年代末，它一直是美国食谱里的标准原料。）人造黄油戴上了健康食品的闪耀光环。黄油继续遭受它的假冒者的打击，先是来自价格，而后来自健康观念。

在随后的二十年里，膳食－心脏假设似乎更加牢不可破，尤其是在 1970 年基斯发表了他的里程碑试验"七国研究"的初步结果之后。这项研究起始于 1955 年他在 WHO 会议上所做的争议报告之后，毫无疑问是为了一劳永逸地证明他的理论。从 1958 年至

---

① Crisco：美国宝洁公司（Procter & Gamble）1911 年推出的一种起酥油，构成是氢化植物油（棉籽油）。2002 年该品牌转售给盛美家食品公司（J. M. Smucker）。

1964 年，他的这项研究记录了意大利、南斯拉夫、芬兰、荷兰、日本和美国的 12700 名中年男子的饮食模式和心脏病死亡率。

结果出来之后，基斯极力鼓吹饱和脂肪摄入量和心脏病死亡率之间的强相关关系。在芬兰东部，男性膳食中乳制品和肉类含量高，992 人死于心脏病，占据图表的首位。与之相比，希腊的克里特岛和科孚岛的地方饮食中肉类很少，但食用大量橄榄油，只有 9 名男子死于心脏病。居于这些极端结果之间的是：日本农村男子死亡 66 人，南斯拉夫和意大利男子死亡 290 人，美国铁路工人死亡 570 人。对于心脏健康的希腊人，饱和脂肪（而不是所有脂肪）只占卡路里摄入的 8%，而对于患有心脏病的芬兰人，却占到 22%。

这项研究备受赞誉，被认为坐实了饱和脂肪是心脏病的元凶，但是却存在一个异常案例：为什么日本人得心脏病比希腊克里特人更多呢？要知道前者的饮食里基本没有什么脂肪，而后者食物的脂肪含量却达到将近 40%。基斯的假设是，克里特饮食中来自橄榄油的大量单不饱和脂肪起到了预防心脏病的作用。所以现在基斯的假设有了一个崭新的并且更美味的转折：对橄榄油的褒扬。于是所谓的好脂肪出炉了，地中海式饮食跟着时髦起来。

尽管首次亮相广受瞩目，但七国研究却存在一个与基斯的WHO 研究相似的重大缺陷。研究中的国家并不是随机挑选的，而是与膳食—心脏假设相吻合的国家。要是基斯将其他国家比如法国或瑞士包括进来，那么将不会得到确定性的结论；这两国的人都食用大量饱和脂肪，但得心脏病的却相对比较少。（记得所谓的

法国悖论 ① 吗？也存在一个瑞士悖论。甚至一个马萨伊人 ② 悖论。事实上，同时期挪威、丹麦和瑞典三国居民的脂肪食用量——大部分是饱和脂肪——与美国人差不过，但心脏病死亡率却还不到美国人的一半。）通过选择性研究，基斯和他的同事们试图躲开托马斯·亨利·赫胥黎 ③ 所说的"科学的最大悲剧：用丑陋的事实残杀美丽的假设"。

不久便形成了一条清晰的界线。一边是人数不多但敢于直言的保守科学家，他们认为主体证据存在矛盾，要求更准确的实验。另一边是执业医生，他们感到自己有责任向病人提供基于最新研究成果的医疗建议；只要心脏病仍不断地夺走人们的生命，那么等待膳食—心脏假设的最终科学证明就似乎是一个形式主义，这让他们承受不起。

很大程度上，正是这种紧迫感使得基斯的假设突然于 1977 年 1 月 14 日升级成为全民营养纲领。这一天，参议员乔治·麦戈文（George McGovern）主持的参议院营养和人类需求特别委员会发布了第一版的《美国膳食目标》，其中敦促美国人减少脂肪摄入，增加碳水化合物摄取。在 2014 年发表于心脏病学期刊 *Open Heart*

① 法国悖论（French paradox）：指的是法国人饮食中的饱和脂肪含量相对较高，但罹患心血管疾病的概率却比较低。这个说法最早出现于 20 世纪 80 年代末。1991 年，法国波尔多大学的塞尔日·雷诺（Serge Renaud）发表了有关这一现象的科学研究，随后被美国 CBS 新闻频道的《60 分钟》报道，引起广泛关注。
② 马萨伊人（Masai）：居住在坦桑尼亚和肯尼亚的从事畜牧业的民族。
③ 托马斯·亨利·赫胥黎（Thomas Henry Huxley，1825—1895）：英国生物学家，达尔文进化论的支持者。

的一篇文章中，佐耶·哈尔库姆（Zoë Harcombe）及其同事回顾说，圣路易大学的罗伯特·奥尔森（Robert Olson）博士，一位对反脂肪持不同意见的科学家，向委员会呼吁"在向美国公众发布指南前应开展更多有关［心脏病］这一问题的研究"。但是，麦戈文回应说，"研究人员有闲暇等到最后一丁点证据出来才下结论，参议员们却没有这一余地"。

于是，委员会与 AHA 步调一致，向所有美国人推广低脂肪、高碳水化合物的膳食方案。除了几个显著的例外，比如美国医学会就不赞同这些建议，整个卫生界都支持这份报告，更加猛烈地反对胆固醇和饱和动物脂肪。

"它的影响之大怎么说也不为过，"获奖的调查性科学作家加里·陶布斯在其 2007 年的著作《好卡路里，坏卡路里》中这样评价麦戈文报告。陶布斯说，《美国膳食目标》的作者们"收纳了种种模棱两可的研究和猜想，也承认某些主张科学上存在争议，最后却将事实的光环正式赐予其中一种解释"。

但决策者们却相信他们的行动即使不能起到预防作用，至少也是审慎明智的。时任美国农业部营养委员会的主席 D. 马克·赫格斯特德（D. Mark Hegsted）反问道："问题……不是我们为什么必须改变膳食，而是为什么不？少吃肉、脂肪和胆固醇，有什么风险吗？"和其他很多人一样，他想象不到改变脂肪—碳水化合物平衡后的任何危害。

与此同时，食品行业推出了新的标识为"降胆固醇、含多不饱和脂肪"的人造黄油。其他食品也飞快跟进，贴上了"无胆固醇"或"低胆固醇"的标签——并且似乎将永远保持下去。（现在商店货架上这样的商品还是满满当当，即便胆固醇警示已经随着 2015 年美国政府推出的《美国人膳食指南》而正式取消了。）

20 世纪后期低脂肪运动的推进迫使黄油逐渐撤离了许多美国人的餐桌。1992 年，当美国农业部通过一幅名为"食物指南金字塔"的蹩脚图示再次发布其低脂肪、高碳水化合物的膳食建议时，年人均黄油消费量已经从 1930 年的 18 磅跌落到 20 世纪 90 年代初的仅仅 4 磅。（顺便说一句，1930 年的时候心脏病发病率可是非常之低。）

过去四十年里，健康专家纷纷宣称，有充足而确凿的证据支持对黄油及其他饱和脂肪（如肉类、禽蛋和奶酪）的讨伐。他们援引了大量据信可以佐证膳食－心脏假设的临床试验和大规模人群研究，包括：经常被引用的七国研究，弗雷明汉心脏研究，奥斯陆膳食—心脏研究，洛杉矶退伍军人管理局试验，芬兰精神病院研究，悉尼膳食与心脏研究，女性健康计划。但是新一代学者详加审视后发现，上述研究及其他研究中有很多并无明确结论，甚至在方法上存在严重缺陷。

2004 年哈尔库姆及其同事在 *Open Heart* 发表了一篇元分析，检视了美英两国政府决策者在 1977 年和 1983 年分别向公众发布官方膳食建议时所获取的全部研究。他们选择了 98 项研究用于评

估，其中仅有 6 项满足随机控制实验（RCT）的入选标准，而这是
衡量研究质量的尺规。在比较了所有研究结论之后，作者们发现
"［控制组和干涉组］在冠心病死亡率上不具有统计意义上的显著
差别"。虽然干涉组的血清胆固醇水平的测量值有所降低，但这并
不导致冠状动脉病死亡率或一般死亡率的显著差别。这项研究总
结说："在缺乏来自 RCT 的支持证据的情况下，截至 1983 年，美
英两国政府向 2.2 亿美国居民和 5600 万英国居民发布了膳食建议。"

> 在选择黄油还是人造黄油这个问题上，我相信奶牛而不是化学家。
>
> ——琼·古索 [①]

那么，近年来的研究和 RCT 又怎么样呢？三十多年来，反黄油、
低脂肪的膳食建议已经反复重新发布多次，那么一定积攒了不少
有说服力的新证据了吧？

这取决于你去哪里找或者向谁询问。根据现在的认识，问题的
答案极其复杂，原因是我们的人口在年龄、性别、体格、民族和
生活方式（吸烟、锻炼、饮酒等）上存在巨大差异。过去十年里，
脂质科学家在脂肪和碳水化合物的代谢方面做出了新的惊人的发
现，如同打开了照亮心脏病机理的泛光灯。随着变量越来越清晰，
证据也愈发有力地证实脂肪摄入不能被单独挑出作为心脏病的主

---

① 琼·古索（Joan Gussow，1928— ）:美国食品政策专家、营养教育学者、作家。
美国饮食体系的长期观察和批评者，提倡食品本地化。

要风险因素。在先进脂蛋白科学的帮助下，研究人员正逐步瓦解
有关饱和脂肪绝对有害的简单化（甚至错误）的假设，重新建立
对心脏病原理的更细致、更个体化的认识。在此过程中，黄油也
正在赢得它早该得到的赦免。

　　这是我从托马斯·代斯普林（Thomas Dayspring）博士那里亲
耳听到的，他是位于弗吉尼亚州里士满市的健康促进与技术基金
会的心血管教育主任。他是一位脂肪代谢方面的行家，同时也算
得上是目前蒸蒸日上的低碳水化合物、高脂肪膳食界的一位主角，
尽管他本人并不从属于任何一个食品巨头。在他的网上讲座和视频
里，代斯普林谴责了针对黄油等食物的陈旧限令，限制的理由仅
仅是这些食物含有饱和脂肪。"有很多人，"他对我说，"增加饱和
脂肪摄入并不导致 LDL-C 或 LDL-P[①] 水平上升。你的身体如何代
谢饱和脂肪很大程度上取决于你的基因反馈。每个人确实需要做一
个代谢诊断检查，以便了解哪种营养对自己特定的基因型是最佳
的。"话虽这么说，我还是问代斯普林，美国农业部的膳食指南中
将饱和脂肪摄取限制为卡路里的 7%，这对于一个人口多样化的国
家是否仍然是一项好的预防性政策。"我不这么认为，"他直截了
当地回答，"我主张脂肪摄取应该是高度个体化的，我也认为向全
民无条件地建议限制脂肪是荒谬的。有一大部分人患有胰岛素抵
抗和糖尿病，对他们来说限制膳食脂肪就是一个糟糕的建议。"（脂

---

① 　LDL-C：低密度脂蛋白胆固醇；LDL-P：低密度脂蛋白颗粒数，均为诊断和
　　监视心血管疾病的重要检测分析物。

肪是唯一不会使胰岛素水平提高的膳食物质；碳水化合物肯定会，蛋白质也会较小程度地提高。）"只有那些吃了脂肪会使 LDL-C 和 LDL-P 水平突破上限的人，"他补充说，"才应该被限制。如果一个人不会发生这种情况，为什么还要叫他们停止食用饱和脂肪呢？我觉得这是毫无道理的。"

代斯普林对饱和脂肪的宽恕根源于个体对其反应的差异，而对奥克兰儿童医院研究所的动脉粥样硬化研究主任罗纳德·克劳斯（Ronald Krauss）来说，饱和脂肪本身的多样化也使得针对黄油的全面禁令毫无根据。"特定食物对冠心病的影响不可能光从它的饱和脂肪酸总含量就能预测出来，"他在 2003 年向加州膳食协会所做的陈述中这样解释，"因为不同的饱和脂肪酸对心血管可能会产生不同的作用。"比如，已发现乳脂肪（黄油的来源）中的短链脂肪酸很多具有重要的免疫反应功能，可以预防心脏病。一些饱和脂肪，比如黄油中的硬脂酸，不会提升 LDL 水平，也不会使其降低。

在先进的营养科学的支持下，长达半个世纪的针对饱和脂肪的指控终于落败，黄油又回到了食品购买清单上。（2002 年以来，美国人的黄油消费增长了 25%，并且还在继续攀升。如我们所知，一些食品生产者重新规划了他们的产品，以便宣扬它们是"真正黄油制造"。）

虽然享用黄油而没有额外的罪恶感这一点很棒，但好消息却不仅限于黄油没有危害；相反，它对我们的健康有着实在的好处。

每一份黄油（特别是有机品牌和草饲品牌），都含有一定量的脂溶性维生素及其他有益健康的成分。黄油中富含维生素 A 及其前体，这些对人体的许多功能（视力、防御性免疫系统、皮肤健康）至关重要；但近来受嘉许最多的是黄油中富含的维生素 D、E、K$_2$。

　　自古以来，人类获得维生素 D 的便利方式是让皮肤接触阳光。但如今，我们的户外时间大大减少，即使出门也要大量涂抹防晒霜，因此维生素 D 缺乏在发达国家越来越显著（美国多达 75% 的人口有此问题）。专家们进而发现，维生素 D 不足可以引发或恶化大量的慢性疾病，包括抑郁症。除特别添加了维生素的强化食品（如全脂牛奶），食物中的维生素 D 含量一般很低；但它却存在于黄油当中，而在草饲黄油中甚至含量更高。黄油中也存在维生素 E，这种抗氧化剂能够抵抗脂肪氧化的危害作用，拦截诱发心脏病和癌症的自由基。与多数维生素一样，维生素 E 发挥最佳效果是通过全天然食品摄取，而不是单独的浓缩物。

　　黄油其他有益健康的方面特别适用于以"草饲"或"放牧"方式产出的黄油。这些标签不只是为了推销奶牛在繁茂碧绿的草场上食草的田园风光，事实上，百分之百牧草喂养的奶牛产出的黄油在营养上也的确更为优异。实际生产中，许多奶牛既食用牧草又食用谷物，依牧场的季节而定，所以黄油上的标签可能会误导。即使奶牛在牧场上只待最少量的时间，那么它的黄油也可以加贴"草饲"的标签。但是，一家货真价实的农场会让奶牛在一年的大部分时间里都在牧场上自由地啃食，只在冬季补充半干青贮饲草。

除了维生素 A 含量更高，真正的草饲黄油也含有更多的共轭亚油酸（CLA），一种有益健康的多不饱和脂肪。研究发现，CLA 具有潜在的抗氧化作用，特别是防止可能导致心脏病、糖尿病和癌症的细胞损伤。

同样，放牧奶牛的黄油也含有更多的维生素 K_2，这是健康领域的一位超级新星。不要把它与名气更大的维生素 K_1 混淆，K_1 长期以来因其凝血功能而受到赏识，但 K_2 似乎在人体中能起到更广泛的作用。保养皮肤、强健骨骼、预防发炎、支持大脑功能、逆转动脉钙化（即"动脉硬化"），以及帮助预防癌症，以上似乎全是 K_2 的工作内容。

美国销售的商业黄油主要产自食用人工饲料的奶牛，饲料以谷物为主，即使有新鲜牧草也是少得可怜，所以它们的乳制品中维生素 K_2 的含量很低。要想获得最多的维生素补贴，你得找到货真价实的草饲黄油（并且做好为此多掏腰包的准备！）。

剖析黄油的营养组分无疑为它的回归餐桌提供了证据（当然，也是有限的）。但多数专家现在同意，一味追求或避免某种营养物质，比如饱和脂肪、维生素、抗氧化剂、高密度脂蛋白等，对于膳食选择既不明智也不实际。我们的健康依赖于全天然食品中营养物质的动态网络，而不是将它们截然分开。尽管过去五十年的营养主义的要旨是孤立和驱逐食物中的某些"坏"东西，但这种膳食结构对普通人却没有带来多大益处，我们最终只是想知道到底该吃什么。因此，膳食和营养专家越来越不执迷于量化营养成分和否定食物，而是转向推崇有益健康的特定的食物选项。

　　关键的一点：我们可以心安理得地享受黄油，但必须有所节制；毕竟，它是脂肪。毫无顾忌地食用任何脂肪对我们都没有好处。沉溺于黄油也不等于更大的满足感。事实上，我从我的食物与烹饪的职业生涯得到的一个最好的教训便是：满足感似乎是个悖论——一件好东西如果太多了，常会降低我们从中得到的快乐。（你真的每天都想吃你最爱的甜点吗？）把这叫作恰当好处原则吧。平衡不单单对你的身体有好处；我想，它也确保了真正的满足感。

9

现代黄油工匠：
小批量、大粉丝

本厂黄油的特别之处在于，它的风味自培养菌加入就不断发生改变，越老越浓。刚从搅拌器出来，它带着许多柔和的奶香，最为甜美。一个月后，它进化出另一层淡淡的坚果味和烤制面包的滋味。120 天后，黄油形成相当有趣的刺激性味道，但并没有变质。

——阿德琳·德吕阿尔（Adeline Druart）

佛蒙特乳品厂（Vermont Creamery）产品经理，2014 年

"我是埃莱娜……埃莱娜·霍斯罗瓦[①]，"拨通了布列塔尼一家店铺的电话后，我突然听到自己开始用难懂的法语口音说话。我在记忆里拼命地搜寻高中学过的一丁点法语，尝试理解电话那头一位语速飞快的男士的话。一个我费尽心机找了一个多月的男人：让·伊夫·博尔迪耶（Jean Yves Bordier），法国最另类的黄油名人。尽管通话磕磕碰碰，但达到了我的目的。八天后，我飞跃将近三千

[①] 此句原文为法语 Je suis Elané … Eylane Khosrovah。

英里，站在了他位于圣马洛市（Saint-Malo）榆树街九号的小店铺的门口。

　　穿过商店布列塔尼蓝色的入口，一段黄油感官之旅由此开启。长方形店铺的中央摆放着一张大理石桌，当一位"黄油拍打师"开始工作时，刺耳的咚咚声撞击着空气。顾客们聚集在桌子四周，围观拍打师每只手各拿一只有棱纹的黄杨桨片，从一个新鲜黄油的巨型墩子上劈下一角。在秤上精确称重后，他接着用桨片重击猛拍它，迅速地旋转，极其利索地使黄油的各面成形。就在几秒钟内，一块紧致的手掌大小的黄油砖就做好了。拍打师把它递给助手，后者用白色防油纸亲手将这美味的金条包裹严密。

　　乳脂的甜奶香味——确定无疑的乳品味道——萦绕在商店的前厅，顾客在那里的零售台前排成长队，等候试吃店家主打品种及其他风味的黄油。选择可谓五花八门：精细熏制的黄油能够尝出奶油和篝火的味道；甜椒黄油带着鲜艳的赤红色；混合海盐晶粒的黄油和混合松露微粒的黄油；加入布列塔尼本地海草的淡绿色黄油；还有一种加入橄榄泥使之带有咸味和嚼劲的油灰色黄油。甜黄油也在排队之列，一些加入了蜂蜜，另一些加入了柑橘。也可到铺子隔壁的小餐馆体验黄油大餐，一道菜品包含七种不同风味的黄油。

　　"黄油之家"（La Maison du Beurre）自1927年开张营业，其间数易其主。但它今日的繁忙景象——半是乳品爱好者的圣地，半是商店和餐馆——在1985年前尚不存在，那一年博尔迪耶买下了这家店，开始重新改造。黄油行业里一些人士认为，他与其说是真正的手艺人，还不如说是搞市场营销的奇才。但是，在价格更低廉的标准化的工业黄油已经让许多小型的传统的农场黄油生产者关门歇业的情势下，正是博尔迪耶又重新激发起人们对用天然乳酸菌缓慢制成的传统"搅拌黄油"（beurre de baratte，用批量搅拌器生产的黄油）的赏识。

"你得知道我们的黄油生产过程的独特之处，"他说（通过翻译），"工业生产者装好奶油，六小时后黄油就可以出厂；而对我们来说，从挤完奶到黄油离开乳品厂上市要差不多 72 个小时。我们让时间去完成它的工作，这样奶油才能成熟，获得复杂的香味。"

他的品牌"博尔迪耶黄油"（Beurre de Bordier）的知名度远远超越了城墙环绕的圣马洛。说句公道话，除他以外还有一些远近闻名的法国黄油工匠，比如鲁道夫·勒·默尼耶（Rodolphe Le Meunier）——一位明星奶酪成熟师（affineur）——他制售的诺曼底地区慢熟的搅拌黄油已是声名远播（美国市场上可以买到）。另一位是博尔迪耶的同乡，加来海峡省的奥利维耶·马丁（Olivier Martin），他的"最佳黄油"（Au Bon Beurre）非常受欢迎。博尔迪耶说，马丁将来自泽西牛、黑白花牛和诺曼牛的奶油混合起来，从而成就了他的黄油的绝妙风味。

不过，博尔迪耶是第一位登场者，在手工黄油形成风潮之前他已经成绩斐然。明星大厨和餐饮媒体对他趋之若鹜，他的黄油远销欧洲各地以及美国、新加坡和日本的高档餐厅和高端市场。要说什么是法国黄油的顶级品牌，那就是博尔迪耶黄油。但是，博尔迪耶说，他固然怀有出类拔萃的宏愿，却从未想做高档昂贵的产品。

博尔迪耶的工厂位于雷恩（Rennes），离他圣马洛的零售商店约一小时车程。在铺着白色瓷砖的生产车间内，批量搅拌的发酵黄油装在50千克大桶内于早晨抵达，而黄油的原料是来自临近的布列塔尼和诺曼底地区农场的巴氏杀菌奶油。在法国，博尔迪耶可以使用生奶油生产发酵黄油，但是由于长途运输的关系，必须杀菌以使其不易变质。（如果你去巴黎，别错过到帕斯卡·贝耶韦尔［Pascal Beillevaire］奶酪店品尝生奶油黄油。他家的自有商标黄油正式名称是"老式搅拌黄油"［beurre cru baratte à l'ancienne］，即用圆桶搅拌器以老方法制成的生鲜黄油，种类有三：无盐黄油，加盐黄油，加"盐之花"①制成的半盐松脆［demi-sel croquant］黄油。）

大批量黄油运送到博尔迪耶的工厂后，再用车输送进一个铺着白色瓷砖的工作间，接受长时深度的"按摩"处理——使用博尔迪耶标志性的名为"按摩机"（malaxeur）的改装机器。19世纪时，大型乳品场用这种机器将黄油压炼为丝滑的固态。另外，它还用于将质量参差不齐的黄油混合均匀。博尔迪耶解释说，它能挤出多余的酪乳，使剩余的水滴均匀分布，形成稠密但细腻的质地以"延长"黄油的滋味。

---

① 盐之花（fleur de sel）：一种海盐，由盐田表面积聚的盐花晶体收集制成，一般用于菜肴上桌之前调味。以法国盖朗德（Guérande）出产的盐之花最为知名。

早先，当这种按摩机还属于先进设备时，或许是通过一匹役马持续踩动踏车驱动的。博尔迪耶将之改造成了电力驱动。现在，按摩机是他的黄油车间的核心设备，也很可能是当今黄油世界唯一还在运行的。

黄油变得丝滑之后，或者运往博尔迪耶的零售店的拍打台，或者传输到雷恩工厂的另一个角落，那里的一队头戴发网身穿白大褂的员工会将黄油按考究的分量塑形。他们并肩围绕着一张张不锈钢桌，手拿桨片，飞快地将大块的黄油分割成小圆形、金字塔形、方块、圆条和长方条的黄油。

当然，这一切全都可以用机器完成。但博尔迪耶信奉手工方法。"我不是一个好商人，"他开玩笑说，"我做事花太多时间了。在这个快餐的世界上，我是一个慢性的食品从业者……但这么做让我快乐，并且也是我的谋生之道。"今天他的公司——已被布列塔尼的食品公司特里巴拉（Triballat）收购——每年生产十多万磅黄油，尽管价格不菲，但需求还在稳步增加。"我能够以一定的价格卖出我的黄油，支持一些人的生活。这是一件美好的事情，"他说道，接着又补充说，"但我对工业家没有任何不满。每天有大量的牛奶产出。它们必须被制成产品。我们有很多人需要吃饭。"

黄油爱好者现在碰上了好时候，选择丰富多样，又充满传奇。我们购买一种黄油，或看中它的个性，或在乎它的效用。手工制作的黄油和机器生产的黄油共存共荣，而这以前从未出现过。至少主流市场如此。当然，局外人总是有的——那些在战后肆意扩张的商业乳品工厂的阴影中自己动手做黄油的人，但他们总是例外。

如今，一个不断成长的黄油工匠群体正在推动手工黄油的复兴。这一低科技的搅制奶油门类常常被描述为餐桌黄油。与用于烹饪或烘焙的超市黄油截然不同，餐桌黄油指的是那些小批量独立制作的黄油，它们最好的享用方式是伴着一片面包从手里送到嘴里。餐桌黄油并非不能用于烘焙或烹饪，而是它们的微妙风味（为此你额外付了钱）常常会在这过程中丢失掉。

手工黄油的兴起与其他手工食品一样有着很多缘由，一些是实际方面的，一些是观念方面的。许多年轻的手工业者意识到，在后经济大衰退时代，制作小众的特色食品比找一份好工作更切实可行。黄油手工业也受到了最新健康研究结果的刺激，这些发现免除了黄油在诱发心脏病上的责任（错综复杂的战斗过程详见上一章）；销售量证实公众的黄油胃口正在不断增长。许多新的黄油制作者还将他们的工作视为落实农业政策的举措；至少它可以帮助捍卫那些提供奶油的本地家庭农场的价值和基础设施。乳品工匠们认为他们站在再生实践、有机生产和改善牲畜生存条件的一方。

越来越多的人加入购买手工黄油的行列，也多是出于相同的原因。但人们掏钱还有一个简单的理由，那就是手工黄油的确美味可口、不可捉摸，因为它们尝起来、看上去与人们从小吃惯的千篇一律的条状黄油太不一样了。它是一种相对而言花钱很少的嗜好。

大多数 21 世纪的黄油工匠对新老方法择优而选，像博尔迪耶那样，目的在于提升生产力和产品质量，却又不否定人的特殊要素。不过，小批量黄油制作并不一定保证优越性，好的黄油来自好的意图，而不只是缩小规模。在成绩显著的男女工匠当中，有几位是手工黄油复兴的早期参与者或关键角色。像博尔迪耶一样，他们充满热情，富有创新精神，他们个人的故事塑造了黄油的大叙事。我在本书附录中列出了许多优秀的生产者，但在本章我要介绍几位当代黄油世界的开拓者和规则挑战者。他们的经营方式迥然不同，然而他们共同提升了有关黄油的话语，抬高了黄油生产的标准。

我最早认识艾莉森·胡珀（Allison Hooper），佛蒙特乳品厂的合伙人，还是在我从事奶酪方面的媒体工作时，有一个任务是去报导她的获奖山羊奶酪（chèvre）。当我的兴趣转向黄油后，胡珀又是我在佛蒙特拜访的第一位生产者，原因是她的优质黄油在美国市场是第一流的，正如她推出的几乎所有乳制品一样。胡珀有一种天生的本领，能够预测到尚不存在但却是我们想要的东西。

胡珀将她的乳品厂黄油新事业的灵感归功于 20 世纪 80 年代初她在欧洲的大学交换经历。那次暑假，她待在布列塔尼的一个农场家庭，靠帮人家干各种农活来养活自己，其中就包括搅拌发酵奶油制作黄油。"整个星期，我们每天从挤的奶中收集奶油，加入到冰柜中的桶里，让它自然发酵。到周末时，奶油就变成了浓厚的法式酸奶油。我们再把它倒进一个像洗衣机的小电动搅拌器，开始做黄油。出来的黄油棒极了——香味浓烈、含脂量高、微微咸。"这种农庄黄油的每一份都用刻有奶牛图形的木质模具塑形，用防油纸包裹，然后拿到本地集市售卖。"我对这个印象很深刻，"胡珀回忆说，"我想要再现那种黄油。"

当胡珀准备涉足黄油生产时，她已经在经营佛蒙特乳品厂了，那是她与商业伙伴鲍勃·里斯（Bob Reese）共同创建的一家小型山羊奶酪生产企业。20 世纪 90 年代初，山羊奶酪在美国还属于外来食品，他们率先将克罗汀乳酪①和小圆柱形的新鲜山羊奶酪引介给美国消费者。那项事业（今天已经成长为数百万美元的业务，产品远近闻名）也是受到了胡珀的法国农场经历和她的商业直觉的启发。在法国的那个暑假，她制作了精美的山羊奶酪，于是坚信在美国也可以为它找到市场。

但是，发酵黄油却是一项迥然不同的业务。胡珀在家里试做了一些小批量后，认为她和里斯（财务负责人）可以开始商业经营。同时，她也希望促使美国人对这种在欧洲很受欢迎的略微辛辣的黄油产生兴趣。"做山羊奶酪时，我们开创的那些品种没人能够准确读出。就黄油而言，至少人们都知道有些什么，"她开玩笑说。

---

① 克罗汀乳酪（crottin）：一种用山羊奶制成的小圆片状的辛辣乳酪。

他们最初的乐观得到了回报。一天下午，当他们开车经过佛蒙特州米德尔伯里镇（Middlebury）时，胡珀和里斯看见了一家乳品场户外摆放的一台老旧的商用不锈钢搅拌器。他们停下来询问；经过简短的交涉后，这对合伙人以三千美元的价格买下了这台旧搅拌器，把它拉回他们的乳品厂。突然间，胡珀拥有了每周生产五百磅发酵黄油的能力。但是谁会购买呢？那时美国可没有人生产这种黄油。胡珀将乳脂含量42%的发酵奶油搅拌成奢华浓郁的黄油，就像她以前在法国做过的那种，但商店经理尝过之后会说："对，这很棒，但是没它对应的类别。"

以前推销山羊奶酪时，胡珀就应对过类似的抗拒心理，所以她知道最有望接受的第一批顾客是厨师，尤其是法式料理的厨师。她联系了一位来自布列塔尼当时在纽约市工作的大厨，请他试吃黄油。他尝试之后，对它的风味欣喜若狂，声称它的滋味如同他童年时代的黄油。这位大厨希望帮助胡珀取得成功，于是他将她的黄油引介给他的一些厨师朋友，当时均服务于纽约最好的几家餐厅：Lespinasse、La Côte Basque、Le Cirque。没过多久，一批批发酵黄油就从佛蒙特的临时乡村总部送到了曼哈顿的雅致餐厅。

讽刺的是，打入高端市场反而比进入街角商店来得容易。佛蒙特乳品厂的黄油虽然口味不错，但因为一些实际的缺陷使其难以进入零售市场。一方面,公司采用的管状塑料包装对顾客不太友好。"我们用塑料纸包装一根八盎司的圆柱，像卖山羊奶酪一样，两头有金属夹子，"胡珀说，"人们会想：我怎么吃这东西？〔现在已改为锡箔包裹的圆柱形。］而且那时候也没有标注汤匙量的刻度……
没人知道发酵黄油是什么东西。总而言之，我们有很长的路要走。
我们的黄油只卖给一个非常特别的顾客群体。"

古怪的是，反而是来自欧洲的竞争者最终帮助佛蒙特乳品厂的
黄油在美国货架上赢得了一席之地。从欧洲进口的黄油大多乳脂
含量高、低盐、有发酵风味，当它们登陆特种食品市场后，一个
新的黄油类别逐渐得到大众认可，而一直被拒之门外的佛蒙特发
酵黄油（当时包装已经更加方便了）终于能够厕身其中。

担任佛蒙特乳品厂产品经理的是在法国长大的阿德琳·德吕阿
尔，她向我介绍他们的发酵黄油之所以独一无二的技术理由："我
们用 24 小时来让奶油发酵成熟，加入了三种特别的培养菌。其中
两个菌种将乳糖转化为乳酸，增加了刺激的味道，并且，重要的是，
改变了奶油的 pH 值［酸碱度］，营造出一个适合第三种细菌工作
的环境。"

与胡珀将黄油业务扩张到全国范围不同的是，另一位我拜访的
佛蒙特州的黄油制作开拓者则有意控制生产规模，仅仅向五家著
名的美国餐厅供货。黛安·圣·克莱尔（Diane St Clair）和她的丈
夫艾伦·克拉里斯（Alan Clarisse）在奥威尔镇（Orwell）经营"动
物庄园"（Animal Farm），包括一个微型奶牛场和只有黛安一人工
作的乳品厂，她从 2000 年开始制作黄油。在挤奶季，圣·克莱尔
每周都会搅拌她的 11 头奶牛的奶油，将制成的黄油送往以下餐厅

的后厨：纳帕溪谷的 French Laundry，纽约市的 Per Se，波士顿的 No. 9 Park 和 Menton，以及弗吉尼亚州的 Inn at Little Washington。

一开始，圣·克莱尔夫妇只有一头奶牛，根本没有打算做黄油生意。"但是奶牛产的奶太多了，"她说，"所以后来我就开始做黄油和奶酪。"因为根本没有受过制作发酵黄油的训练，所以她开始翻阅几本绝版的古旧乳品制作手册，有的还是写于一个多世纪以前。她希望恢复一些美国农庄黄油制作的实用技巧，这些技巧在战后工业化进程中已经丢失了。通过大量阅读过去乳品专家的著作，并反复进行试验，圣·克莱尔发展出了一套程序来发酵她手工撇取的奶油；奥秘是加入足量天然发酵的酪乳，而这些酪乳是制作前一批次的发酵黄油时剩下的。这个使用了几百年的发酵方法使得黄油生产做到了陈陈相因、自我延续。

圣·克莱尔认为她自制的黄油相当出色，但她需要得到专家的认可。恰好她刚刚读过有关大厨凯勒[1]备受尊崇的餐厅 French Laundry，所以她就给凯勒发了一条消息，问他是否愿意评判一下她的黄油。征得凯勒的同意后，圣·克莱尔给他寄去了一份样品，之后便很快得到了他的回音，要求买下她制作的所有黄油，价钱不是问题。凯勒还询问她是否可以将奶牛数量扩大一倍，以便能向他的餐厅提供足够的黄油。后来，凯勒又在纽约开了 Per Se，他说服圣·克莱尔再增加了四头奶牛。（圣·克莱尔将她表现最出色

[1] 凯勒（Thomas Keller, 1955— ）：美国著名厨师、餐厅老板，French Laundry 和 Per Se 均为米其林三星餐厅。

的奶牛取名为凯勒。）

通过与大厨凯勒的交往，黛安·圣·克莱尔成为美国首位明星黄油制作人。一位是世界闻名的都市大厨，一位是佛蒙特州偏远农场的默默无闻的女奶农，两人的合作一下子让全国餐饮媒体趋之若鹜。这的确是一个经久不衰的好故事，尽管我们大多数人都无缘品尝"动物农场"的黄油。它没有走大众路线，不过，它却属于最早引发公众对手工黄油复兴的持续关注的若干品牌之一。

> 为你烤面包的那个人是爱你的。只要当你的牙齿咬破粗糙、烤硬的面包皮，进入下层绵软的白面包，大人的缺点就会变得无关紧要，即使是让你穿短裤去学校这样严重的问题。一旦暖暖咸咸的黄油碰上你的舌头，你就迷住了。任由他们摆布。
>
> ——奈杰尔·斯莱特（Nigel Slater）[1]
>
> 《吐司》

我第一次认识瑞典黄油工匠帕特里克·约翰松（Patrik Johannson）是通过 YouTube。另一位餐饮记者将他介绍给我，说约翰松正在做一些有关黄油的非传统的事情。（呃哼，不是马龙·白兰度那种另类。）这时候，这位瑞典人正在创造一些欧洲人认为的黄油中的米其林。一些品评人描述这种黄油有强烈的黄油味，比

---

[1] 奈杰尔·斯莱特（Nigel Slater）：英国著名厨师、作家、电视主持人。著有多本食谱及自传《吐司》。

标准黄油更酸，但却更新鲜，他们宣称它绝对让人迷恋。不奇怪的是，这位揭竿而起的黄油制作者称呼他自己为"黄油维京人"[①]。（事实上，正是早期维京人将黄油制作工艺传遍了欧洲北部。）大厨们热衷于约翰松的产品，对他本人也极感兴趣——这位风味侦探充满奇思妙想，有着高度敏锐的烹饪感觉。

从约翰松在欧洲食品研讨会上的发言视频中，我了解到他之前从事信息技术方面的工作，九年前开始为几家欧洲顶级餐厅搅拌发酵黄油，包括哥本哈根的 Noma（在全世界 50 家最佳餐厅中名列前茅）。他制作传统黄油，但他收到的绝大多数关注是有关他独树一帜的"原始黄油"。技术上讲，将这一产品称为黄油是不合法的，因为它只含有 40% 的乳脂（标准黄油的一半）。但是，如果应用正确的品尝方法——从冰箱中取出冷藏的黄油，涂抹在温热的面包上——它会真正爆发出又酸又甜的黄油味道。数月后，当我开始采访约翰松时，他解释说："原始黄油含有大量水分，因为我根本不排干搅拌器。它质地松软，涂抹性好，尽管有一点颗粒感。"从冰箱取出直接吃的话，它多半和浓酸奶一样酸，这要归功于约翰松用来使黄油成熟的七种不同的培养菌。但是，一旦涂抹在温热的面包上，就像在 Noma 的吃法那样，它便会瀑布般迸发出香浓刺激的风味。"我对黄油最优异的特征做了分析，又提升了它们。"约翰松透露，并说他的系统分析才能帮他理解了黄油相互关联的

---

① 维京人（Viking）：斯堪的纳维亚部落成员，8 至 11 世纪时劫掠英国等西北欧部分地区，有时在当地定居；又译北欧海盗。

种种风味。

2005 年时约翰松还没有计划从事黄油事业，那一年他辞去了城里的工作，和妻子及两个小孩搬到了哥德堡的郊野，希望过更简单的自给自足的农庄生活。这对夫妇先开启了一项小业务，"熬煮海水"，出售他们自己品牌的天然海盐结晶，这可以帮助维持他们离群索居的生活方式。这中间，约翰松开始鼓捣他祖母的手动搅拌器。他还记得她制作黄油的步骤，着迷于其物理过程，而搅拌之前奶油发酵的生化反应更令他好奇不已。

在接下来的一年里，约翰松制作了不计其数的黄油，分送给各家餐厅的大厨们品鉴。他还搞了一些古怪的即兴创作，包括一种"露珠"黄油，用来发酵的是清晨露珠中的细菌；而他为哥德堡的一次晚宴特别创作的"国王"黄油则大获全胜，作品是向来访的瑞典国王致意。"我希望制作一种全新的黄油，品尝起来有着许多不同的滋味，既超级有奶油味，又有黄油味。"约翰松回忆说。他用自己冷却的、轻盐的法式酸奶油（发酵三天）作为基底，然后缓慢熔化普通黄油，用刀尖拨取"珍珠"状的黄油掉落到酸奶油中。在黄油珠冷却固化后，他小心地将它们包裹进法式酸奶油，直到奶油中丰盛地点缀着精巧的黄油珍珠。约翰松告诉大家直接用汤匙食用；面包是多余的。据说，来访的国王说，"我并不太喜欢黄油"，说这话的时候他正要求上第五份。

但约翰松最离经叛道的黄油试验是他的"男生"和"女生"黄油。一天，在他送黄油去 Noma 时，他顺便带了一些奶油，有意利用餐厅员工皮肤上的乳杆菌制作两种性别的黄油。他要求男女员工分别将手背浸入两桶奶油，这样就可以用男女特有的细菌发酵。在将这两桶样本发酵一天以上时间后，约翰松又将它们分别搅拌成黄油。"男生黄油很糟糕，"他说，"但女生黄油棒极了。"

除了出售他的原始黄油之外，黄油维京人和他最近的合作伙伴玛利亚·哈坎松（Maria Håkansson）也生产畅销的传统高脂黄油，按照通行的方法沥干多余的酪乳。"祖母教我用很长的时间、很大的力气击打黄油，这样它才会变得更加金黄、脂肪含量更高，"约翰松承认，"但这不是我们的方式。"他希望得到更松软的质地，所以只要奶油一分离成小块的黄油漂浮在酪乳上，他就停止搅拌。

印有浮雕图案、配以香草的黄油，来自帕特里克·约翰松，又名黄油维京人。
（图片来源：帕特里克·约翰松）

　　他也不像他的祖母一样洗涤黄油颗粒，因为那样会洗去残存的一层酪乳，降低黄油风味的复杂性。"我不担心保存期限，"他知道他的小分量供应很快会被消灭掉。最重要的是口味。另外他也关心外观。高脂黄油发货前，约翰松会用一件潮湿的有很多图案的羊毛手织物按压；压完之后，黄油上就被印上了漂亮的"编织"图案。

　　在写作本书时，约翰松和哈坎松刚刚把乳品厂迁到了英国怀特岛的鲁谷（Rew Valley），他们希望自己的创新黄油产品能够提供给更大的顾客群体。"伦敦的大厨们真正在行。"约翰松兴奋地说。当我去岛上拜访帕特里克和玛利亚时，他们请我品尝一份他们最近的发明：黄油蛋黄酱（butter mayo）[①]。制作方法是，在刚做好的片状黄油中加入一些剩酪乳和少量盐，搅打形成黄色的"蛋黄酱"，味道浓郁刺激，质地光滑亮泽。相信靠着这一极为诱人的涂抹品，黄油维京人们必将征服更多的味蕾。

　　所有采用罐内发酵的黄油生产商的通行做法是给予奶油充分关照，因为其中培育的细菌是形成风味的关键因素。但在威斯康星州蔡斯堡的有机生产者联营合作地区（CROPP）乳品厂，一切始于对奶牛的悉心照料。这家公司的发酵牧场黄油以有机谷的品

[①] mayo 是 myonnaise（蛋黄酱）的简称，指一种由蛋黄、橄榄油、柠檬汁或醋混制的调味品。此处混合搅打的方法类似制作蛋黄酱，且颜色也为黄色，故取此名。

牌限量发售，其生产原料完全来自有机牛奶的奶油，奶牛必须于5月至9月放牧于威斯康星的有机牧场。这些散养的奶牛在暮春至早秋充分享受天然绿草的盛宴，所产的牛奶富含营养成分。与奶牛场饲喂谷物的奶牛产出的普通黄油相比，牧场黄油含有四倍量的有益脂肪酸（CLA 和 Ω-3 脂肪酸），以及大量的微妙风味、香味和健康营养成分。它的外观也有所不同：鲜亮醒目的黄色，这在春季鲜嫩牧草中的类胡萝卜素更易吸收时尤为如此。"总有人问我，我们的黄油中是不是加了色素"，正在领我参观乳品厂的工厂经理史蒂夫·雷伯格（Steve Rehburg）说，"但是没有，从来没有。奶牛吃了大量上好的牧草，出来的奶油自然就是这样。"

这种季节性黄油的营销同时也是在向消费者宣传有机农业意识，而这是这家公司运营理念的重要组成部分。CROPP 的首席执行官乔治·西蒙（George Siemon）曾就合作企业的目标这么说过："我们是一项伪装成商业机构的社会试验。"

有机生产并不要求全部牧草饲喂，只要饲料本身全部是有机的，以及给予奶牛一定量规律的户外活动时间。有机商标也保证了出产牛奶的奶牛没有注射抗生素和荷尔蒙。总而言之，生产牧场黄油的奶油必须来自三百英里范围内的农场，它们承诺使用有机方法，在季节允许的情况下完全采取放牧饲养。

雷伯格解释说，有机谷使用乳杆菌增加风味的技术——多年前内部试验的成果——不同于多数发酵黄油生产者："巴氏杀菌之后，我们使用两种奶油。我们把一桶新鲜甜奶油和一桶用乳酸菌发酵的奶油混合起来。两者的混合给了我们想要的口味，也使黄油在我们的系统中更加容易成形。它的含水量和稠密度正合适。"为了得到高达 84% 的丰厚的乳脂含量，牧场黄油的搅拌和沥干比多数黄油花的时间更长。

"知道什么时间排出酪乳、排出多少是一门绝活，"雷伯格指出，"在黄油中保持一定程度的水分很重要，但又不能太多。"相比较，大型工业乳品厂使用的连续搅拌器可以自动控制理想的水分含量。此外，有机谷的黄油生产者也不像其他商业生产者那样用水清洗产出的黄油；和约翰松一样，他们声称发酵风味大部分来自酪乳，所以把它完全洗涤干净是没什么道理的。

当我问到这家繁忙的乳品厂是否最终也会采用连续搅拌器时，雷伯格回答说，"一台搅拌器，一次搅拌一批，这更符合我们的理念。这是适合我们的步伐。我们坚持每天一批一批地搅拌，直到我们的时间和奶油用完为止。"

甜黄油的生产仅仅使用新鲜不发酵的奶油，选择加少量或不加盐；这种黄油受到所谓甜黄油国度的多数餐桌的欢迎，包括美国、加拿大、英国、爱尔兰、澳大利亚、新西兰和冰岛等乳品生产国。因为生产过程不复杂，所以甜黄油也是许多刚刚投身手工黄油生产的创业者的第一选择。在美国，小批量的甜黄油的种类数量在最近十多年里一直在上升，一个重要的原因是，举步维艰的家庭奶牛场希望在牛奶之外扩大经营种类以维持经营。在我居住的美国东北部，每个州都很容易找到本地生产的黄油。但是，在其他国家，家庭奶牛养殖经济更为稳定，黄油主要还是保持工业生产。所以，当北爱尔兰的威尔和艾莉森·阿伯内西夫妇（Will and Alison Abernethy）手工制作的黄油进入我的视野后，我感到非常惊奇。强大的金凯利（Kerrygold）黄油一直是战后爱尔兰黄油的代名词，很受大众的欢迎，产量巨大。在爱尔兰岛上再推出一种黄油差不多是伤害民族感情的表现了。

但是美食爱好者却对手工黄油抱有特别的偏好，这让他们联想起自己曾祖父母的家制黄油；威尔和艾莉森也是完全出于偶然发现了在他们周围有这样一群人。阿伯内西夫妇的黄油不经发酵，只是把液体奶油搅打成柔软的金色黄油。三年后，他们的小批量黄油的市场表现相当不俗，所以艾莉森就辞去了护士工作，回来帮丈夫应对不断上涨的产品需求。

教会威尔手工制作黄油的是艾莉森的父亲诺曼·克尔（Norman Kerr），四年前因为病情发作，他无法继续自己深爱的业余活动：在本地集市上展示搅拌技术。他热衷于拯救遗落的家用器具和家庭工艺，他"演示一点点黄油手艺，人们就为之疯狂不已"，艾莉森说。在他暂时卧病在床时，威尔和艾莉森就接手表演。看到人们对手工黄油的高涨热情，阿伯内西夫妇决定放一些到本地的商店里卖。一位备受尊敬的本地大厨德里克·克雷（Derek Creagh）在肉店发现了他们的黄油后，便在推特上发布了一条有关于此的消息；赫斯顿·布卢门撒尔（Heston Blumenthal）因此找到了阿伯内西夫妇，询问他们是否可以向他的明星餐厅"肥鸭"（Fat Duck）提供黄油。接着就是大厨马库斯·韦尔林（Marcus Wareing），他拥有骑士桥（Knightbridge）的"马库斯"餐厅和伦敦雅致的"吉尔伯特·斯科特"（Gilbert Scott）餐馆。在获得如此豪华的礼遇后，阿伯内西黄油跟着要迎接的便是大群的美食爱好者了。

诺曼·克尔的有着上百年历史的小型鼓腹搅拌器如今摆放在阿伯内西夫妇的微型乳品车间的角落，而车间布置在农场过去的老人房间里。这台手摇搅拌器如今只在有表演和活动时才会搬出，用于演示黄油制作。为了跟上客户对黄油的要求，乳品厂所有的搅拌工作目前都是由一台更大的圆桶搅拌器完成，它能装 35 升奶油，属于旋转搅拌器的现代电动版本。

威尔每天的黄油生产从早上六点开始，先是带着他的柯利牧羊犬富奇沿街走一段路，取回附近的德雷恩斯乳品场（Draynes Dairy）卸下的两桶各 40 升的杀菌鲜奶油。德罗马拉（Dromara）气候温和，山丘绵延起伏长满青草，是理想的牧场。这里从不缺少提供奶油的农场。一开始从事黄油零售经营时，威尔和艾莉森尝试了许多不同的本地奶油，每一种都拿来搅拌。"德雷恩斯奶油的一致性、色泽和风味是最好的，"艾莉森说，"他们只用他们自己奶牛的牛奶。其他的乳品场使用几百家农场的牛奶。"我试吃了他们的黄油，从中品味出一种简洁——奶油味、新鲜、坚果味，并且我惊讶于每一份阿伯内西黄油——一个四盎司的匀称的小卷——都是在一个有棱纹的表面上完成塑形的，一个一个地完成，这显示出威尔娴熟运用一对经典木质有纹黄油帮手的手艺。像生产过程的其他步骤一样，他也是从他的岳父那里学到了如何滚卷黄油。这个最后的步骤耗费大量劳力，但却使人回想起往日的农庄黄油。那时，一种黄油的精巧的形状或设计表明了它的出处，也暗示了对质量的保证。今天，这又在德罗马拉再现了。

在传统黄油木板上手工卷成圆柱状的阿伯内西黄油。
（图片来源：阿伯内西黄油）

回到美国，我又驾车前往宾夕法尼亚州中部的阿曼门诺和门诺派教徒[1]的农庄，详细了解细流泉乳品厂（Trickling Springs Creamery）生产的甜黄油。刚刚建成的乳品厂厂房风格是老式的装有护墙板的乡村市场，半是食品店，半是生产车间，有前廊和

---

[1] 门诺派教徒（Mennonite）：16 世纪起源于弗里斯兰的基督教新派教徒，生活简朴，主张成人洗礼，反对天主教等级制度、服兵役和担任公职。阿曼门诺派教徒（Amish）：17 世纪晚期从门诺派脱离出来的戒律严谨的教派，过简朴的农耕生活，拒绝使用某些现代技术，现主要生活于美国宾夕法尼亚州。

稀疏摆放的野餐桌。这家乳品厂是当地许多第五代和第六代农场的支柱，它收购农场的牛奶，生产有机和草饲乳制品，销往宾州东部的大城市。我到的那一天，一位穿戴门诺派传统服装和女帽的年轻姑娘正在操作不锈钢搅拌器。

我之所以去探访细流泉乳品厂，是因为它生产一种市场上少见的高脂黄油。它的乳脂含量高达 91%~93%，这使得它稠密、耐嚼，非常适合作为室温下摆放的餐桌黄油（也很适合用于制作酥油）。它从未在任何比赛中获奖，因为多数黄油评委觉得它的密实性太过与众不同。但是真的尝了一小角之后，我觉得它的风味相当醇厚、存续良久，质地既坚实又超级平滑。因为搅拌之后使用机械压炼，排除了大部分酪乳，所以黄油的乳脂含量才会很高。

另一种不寻常的黄油召唤我驱车北上加拿大的乳品产区，前往多伦多以东约两小时车程的斯特林乳品厂（Stirling Creamery）。这家有着 90 年历史的老厂利用乳清奶油，即乳清中剩余的少量脂肪，生产一种少见的黄油。乳清奶油是奶酪生产（一般是切达奶酪）的副产品。几代人以前，乳清奶油黄油比较常见。但那时它被认为是次等产品，高级黄油生产禁止在新鲜奶油中混合乳清奶油。即便是现在，乳清奶油黄油在美国也最多得到美国农业部颁发的 A 级，而不是最好的 AA 级；但它的粉丝们，比如我，不在乎。斯特林的市场部副主管格雷格·诺格勒尔（Greg Nogler）递给我一份样品，尝过之后我认为这是我吃过的最好的乳清奶油黄油之一：略微刺激，带有特别的咸味和坚果味，并有一丝甜味，质地柔滑厚实。它与发酵黄油相似，但味道更为大胆，鲜味十足。斯特林乳品厂还使用传统批量搅拌器生产另外四种高级黄油：无盐和加盐，乳脂含量为 80% 和 84%（被《风味》[Saveur] 杂志誉为"世界上最好的黄油"之一）；但它的乳清奶油黄油因其更鲜黄的色泽和更醇厚浓烈的风味而格外出众。

威斯康星州里奇兰森特（Richland Center）的阿尔卡姆乳品厂（Alcam Creamery）自 1946 年以来也一直从事乳清奶油黄油生产，它充分利用了威斯康星奶酪生产帝国每天产出的大量乳清。阿尔卡姆从 85 家奶酪厂收集乳清奶油，生产 30 种不同的自有商标黄油。但多数品牌并不在标签上注明为乳清奶油黄油，担心消费者搞不清楚。所以，这一种类的黄油在市场上是存在的，只是不太容易发现。

当小批量黄油业务在大西洋两岸蓬勃发展时，一个更有意思的反响是其他动物的乳脂黄油也在悄然复苏，包括采用山羊、绵羊的奶油，或它们与牛乳奶油的混合物。你可以马上看出或尝出这些黄油与标准奶牛黄油的不同。在经过长久的等待之后，我终于收到了来自加利福尼亚州佩塔卢马（Petaluma）的哈弗敦希尔乳品厂（Haverton Hill Creamery）的邮包，寄来的绵羊黄油样品带有这种黄油标志性的苍白色。我以前尝过的两种绵羊黄油外观近乎是浅灰色的，但哈弗敦希尔的产品——温馨地安卧在八盎司的白色小硬纸板盒里——颜色更温暖，更像是未经漂白的面粉。

　　这是第一层惊喜。第二层来自它平滑亚光的质地。我早先尝过的绵羊黄油有一种令人不快的油腻感，我把这个问题跟米西·阿迭戈（Missy Adiego）说了，她和丈夫乔（Joe）一同经营他们的绵羊农场和哈弗敦希尔乳品厂。米西对油腻的问题非常熟悉，她向我保证，我在她那儿下单的黄油绝不会是那样。"是的，在乳品厂开业前，我们也做过一些尝起来非常肥腻的绵羊黄油，"她向我承认。"但后来，我们确信是有可能改善的。"事实证明是一个正确的直觉，支撑它的是几个月的研发改进工作。"首先，奶油必须非常新鲜，"她解释说，"我们用以前冷冻的绵羊奶来做，结果大不相同。尝起来真的很有绵羊味。"

　　制作绵羊黄油时，奶油中的乳脂含量必须介于 36% 至 40% 之间，不然搅拌起来就会出问题。"我们也是吃了苦头才发现这一点的，"米西坦言，"刚刚做了一个月，突然就出不来黄油了。"他们给威斯康星的许多行家打电话，试着搞清楚哪儿出了问题。结果是，他们一直用乳脂含量约 68% 的奶油搅拌，这反而因为脂肪太多而不能形成黄油。所以现在，他们每次搅拌前都要检测乳脂含量。

　　另外，他们在搅拌前还要让奶油成熟 24~36 小时，这会帮助减轻油腻的口感。他家黄油的口味超级丰富、有趣，丝毫没有我在其他绵羊黄油里尝到的浓重的野味。但有一种非常微妙的"绵羊"味，如果你是手工绵羊奶酪的爱好者，那么你会觉得这种风味非常宜人。世上没有与这一样的味道。

在阿迭戈夫妇掌握了绵羊黄油的生产技术时，威斯康星州韦斯特比（Westby）的北欧乳品厂（Nordic Creamery）的阿尔和萨拉·贝克姆夫妇（Al and Sarah Bekkum）也在手工山羊黄油上取得了成功。他们传统的山羊奶酪和奶牛黄油都有忠诚的客户，但阿尔现在做的山羊黄油——曾在2013年美国奶酪协会的比赛上获奖——却远远供不应求。尝过这洁白的山羊黄油后你就明白为什么了。它带有奶香味，但比奶牛黄油清淡，却又带一点温和的山羊膻味。

阿尔·贝克姆身材高大壮硕，祖上是挪威人，刚刚步入中年的他已经习惯了农业和乳业生产的艰辛（更不必说抚养子女——他和萨拉有六个孩子）。所以，听他说自己几乎被山羊黄油的活计难倒，我非常惊讶。"这活儿真是糟心透了，不干上一段时间你肯定拿不起来，"他坦白说，"搅拌的时候很难排走黄油里的水分，所以要得到坚实的密度是一桩难事。"因为山羊奶油里乳脂的熔点低于牛乳乳脂，阿尔还必须把奶油冷却到更低的温度——差不多比做奶牛黄油低20度。有时，为了避免这些生产上的难题，他会使用奶牛、山羊和/或绵羊的奶油制作混合黄油。这种黄油我在市场上还没有见到过。尝了一下之后，我觉得也不错；有黄油味但又不止。一种复杂的美味在口中久久萦回。

至于美国最早上市的也是名列前茅的山羊黄油，我自然已有几分了解，虽然我（还）没有去过它的出产地。它是由加利福尼亚州特洛克（Turlock）的美恩宝（Meyenberg）生产的，早在80多年前这家农场就开创了山羊乳制品的商业门类。20世纪80年代，美恩宝开始生产山羊奶酪，但直到 2004 年才将业务扩展到欧式山羊黄油。黄油的原料来自放牧山羊的奶油，所以带有一些山羊奶酪的味道，但刺激味稍弱。它与奶牛黄油的滋味和外观大不相同（呈雪白色），也是唯一在全美销售的山羊黄油。（下一次你做南方风味的松饼时不妨试试它；它独特的口味将会使松饼精妙地超越面粉、酪乳和盐的普通组合。）

在远离我们的新式黄油市场与媒体的地方，依然生活着你永远不会见识的手工业者，他们制作的黄油你永远不会品尝。但他们对黄油叙事的贡献并非微不足道。实际上，正是他们使用的原始制作方法在他们与人类远祖的食物习俗之间构成了一条稀有的联系，而这条联系或将在一两代人的时间内不复存在，因为哪怕是极偏远的地域都正在为技术和通信所改变。亲口尝尝这些老式黄油，亲眼看看它们的制作过程，对我而言感觉是一种强大的使命。我并非人类学家，但关注也是一条保护的途径。

这就是我前往不丹体验传统的牦牛牧民生活和品尝牦牛黄油的缘由——已在本书序言做了详细叙述。那次的喜马拉雅之行给我留下的记忆中，土地和人比牦牛黄油本身深刻得多，牦牛黄油（新鲜的）只是味道清淡，没有奶牛黄油那么甜。我认识到，追寻黄油并不总是猎逐美味，有时候黄油也把我们指向更深刻的东西。

不丹高地的牦牛黄油制作方法自古以来未曾改变。
（图片来源：伊莱恩·霍斯罗瓦）

2014 年印度北部旁遮普邦的黄油之旅也给我留下了一些不可磨灭的印象。在寻找用水牛奶制成的传统黄油时，我被指引到一座小村庄，找到了阿基塔（Ajita）的家。阿基塔是一位身穿莎丽的老年妇女，黝黑的脸庞上满是皱纹，微笑时一只镶金的门牙闪闪发亮。六十多年来，她一直在用家里水牛的奶制作黄油，水牛总是拴在混凝土房屋的门外。（我很快发现，这是一种脾气很坏的动物——像是长角的巨型看门狗，只是不发出吠叫。）我曾经读到过，水牛黄油风味绝佳，印度人认为它比奶牛黄油美味得多。但是，与水牛相比，奶牛更温顺、产乳更多，所以奶牛黄油就逐渐取代了传统的水牛黄油。

在一个旁遮普山村，村民用绳子拉转一根木质搅杵，搅动塑料桶中的水牛奶
制作黄油。（图片来源：伊莱恩·霍斯罗瓦）

　　多年前，我曾尝过一块产自意大利的水牛黄油，但那令人失望。原因可能是，在手工搅拌前没有把水牛奶发酵一整夜，形成像酸乳一样的稠厚质地，而这在印度农村是习惯做法，在这里奶油是不必分离的。这种做法源自古代的阿育吠陀医疗传统，那时规定制作酥油必须使用发酵全脂奶的乳脂。

　　我站在一旁，看着阿基塔将浓稠起泡的发酵奶倒进一只高身塑料桶，这个废旧利用的容器曾经装过某种工业产品。然后，她将搅拌工具插入桶中，一根长木杆，底端绑着一块十字木板。一根粗绳子缠绕在木杆上端，像围巾一样。阿基塔抓住绳子两端，开始交替拉拽，木杆因此旋转起来，并且略有升降。这种搅拌方法我之前从未见过。（几代人以前，印度妇女使用相同的木杆方法，那时没有塑料桶，就用一只大的陶罐做搅桶；她们坐在地上，双脚固定住陶罐，然后拉动中间木杆的窄颈部位缠绕的绳索。）

如果觉得奶液过凉，阿基塔偶尔也会向桶中倒入一点热水，这样可以加快搅拌的速度。差不多二十分钟后，另一位住在隔壁的妇女过来接手。这是个非常辛苦的活儿。我也伸出援手，但只是拉绳子的时候多用了点劲，就导致奶液溢到了地上。两位连忙把我嘘开了。

经过半个多小时的搅拌，细小的白色油片开始现身。（天然水牛黄油不是黄色的。）阿基塔用手将小片的黄油捞到一只碗里，再把它们压成固体。她递给我们夫妇一匙黄油品尝，那一刻我还记得清清楚楚。阿基塔的多数邻居都过来了，静静地看着我们俩，这个偏僻小村的罕见的西方来客。当黄油在我的舌头上熔化——形成一阵阵奶油味、刺激味、坚果味和黄油味的馥郁的波浪——当地人读出了我的满足。从我的点头和微笑，他们感知到了我在那一刻做出的判断：那算得上是我品尝过的最好的黄油之一。

10

佳肴妙法：
以黄油为原料

现在说说如何制作最佳起酥皮。准备一钵上好的面粉，放入烤炉烘烤稍许，再加入鸡蛋混合均匀，蛋白、蛋清一并和入，捏揉面团直至完全和好。然后分出一块，擀薄，厚度随你的意，在上面涂抹冷甜黄油；接着，再擀平一层面团叠放在刚才的面皮上，同样在上头涂抹黄油；依此继续，直至厚度让你满意为止。你可将它盖在任何烤肉上面，或用它来做鹿肉馅饼、佛罗伦萨饼干、甜馅饼或其他你喜欢的菜肴，放进烤炉就成了。

——杰维斯·马卡姆（Gervase Markham）

《英伦主妇》，1615 年

"快转碗！不要停！不然蛋就结块了！"厨师教练乔·迪佩里（Joe DiPerri）向他畏缩的学员们大声吼叫着课堂指令，他们的不锈钢碗架在将近沸腾的热水锅上，正一齐不平稳地转动着。同时，每位学员在他们各自的碗里激烈地搅打，试图将两种原料——蛋黄和水——打成糊状。这是一种需要两手开弓的技巧，就像你一只手拍打自己的头，另一只手揉擦自己的肚子一样。"搅得越狠，得到的体积就越大！明白了吗？"迪佩里说道。"是，大厨！"16位学员一齐谦恭地大声回答，像是军队里演练一样，他们都穿着一样的白色厨师服，戴着厨师帽。这个场景我很熟悉；差不多30年前，我也穿着同样的制服，作为一名面点专业的学生在这里，位于纽约州海德公园镇（Hyde Park）的美国烹饪学院（Culinary Institute of America，缩写为CIA），学习了八个月。现在我回到这里，观摩这节以黄油为中心的课程，当年我没有上过这一课。

这一天是这群CIA新生的为期三年的学习生涯的第11天，而这个上午他们每个人努力学做的是法式酱汁的完美典范——荷兰酸酱（hollandaise）。这是一种经典的乳浊液酱汁，技术与魔法在其中交相汇合。乳浊液是对逻辑的公然蔑视，因为它似乎使不可混合的东西——脂肪和水——混合起来。

荷兰酸酱以蛋黄、水、熔化的奶油、柠檬汁加少许调味品制成，最知名的应用是吃早午餐时浇在火腿蛋吐司（eggs Benedict）的水煮蛋和英国松饼上。但它更是烹饪的一根重要支柱，是法式烹饪中所谓的五种基础酱汁（sauce capitale）之一，很多酱汁从它衍生而来。

荷兰酸酱制作中最棘手的部分是控制温度和逐步搅打黄油，这样含脂丰富的酱汁才不会"分解"或离析。迪佩里是一位身材魁梧、体格强壮的中年男士，他在教室里巡场，发布指令，时不时还跟他的学生们开几句玩笑。"今天没人的毛巾着火，这真的太棒了！"他说。虽然声音响亮、居高临下，但他是一位和善的老师，在学生做得好的时候，他会立刻表扬他们。他挨个看着每个人，当班上这些努力向上的厨师们搅打的蛋黄混合液已经足够浓稠，他便叫他们把盆从炉子上立即搬开。下一个步骤是将一股清黄油（clarified butter）稳定地搅打进蛋水混合液中。"它必须奶香四溢、妙不可言，"迪佩里振奋地说，"像是蛋糕面糊……像'贝蒂妙厨'①！明白了吗？"

"是，大厨！"

将黄油和蛋黄混合之后，学生们接着在酱汁中加入柠檬汁、盐、一点红辣椒粉和少许伍斯特沙司。当一名瘦削的黑发学生康纳·迪尼尔（Connor Dineer）将要完成他的酱汁时，我问他是不是第一次做荷兰酸酱。"是的！"他说，双眼在猫头鹰式镜框的深度眼镜后放着光芒。"太让人兴奋了！"这让我想起，当我是烹饪学生时第一次做牛角面包也是同样的开心激动。

迪尼尔和他的同学们在蒸西兰花上浇上一道荷兰酸酱，把盘子像神圣的供品一样端到大厨的桌上。迪佩里仔细检查每份作业，希望它们是柔软、光滑、亮泽的，没有丝毫离析的迹象，黄油味和柠檬味均匀平衡。他很满意。在向全班学生表示祝贺后，大厨——据我观察，他带着一点幸灾乐祸的表情——叫他们将熔化的黄油倒进自己的荷兰酸酱里，使酱汁分解。轻微的喘息和抱怨声爆发

---

① 贝蒂妙厨（Betty Crocker）：美国通用磨坊公司（General Mills）的一个家喻户晓的品牌，诞生于 1921 年，这里可能指其蛋糕粉产品。

大厨奥古斯特·埃斯科菲耶（Auguste Escoffier）被认为在20世纪初完善了基于黄油的"基础酱汁"及其衍生酱汁的分类法。（图片来源：Wikipedia Commons）

而出。"现在你们将要学习怎么弥补分解的荷兰酸酱！"迪佩里边说边咧着嘴笑。

在接下来的三周里，这些学生将再做一次荷兰酸酱（这次他们将独立完成，没有大厨的提示），还要学做经典法式烹饪的其他四种基础酱汁：贝夏美酱（béchamel）、高汤酱（velouté）、西班牙酱（espagnole）和番茄酱。这五种基础酱汁衍生出法式烹饪中数百种不同的酱汁。

除番茄酱外，其余四种基础酱汁都需要使用黄油。正是与酱汁制作这一烹饪基石的紧密联系使黄油几乎成为法式烹饪的代名词。今天 CIA 每个班级的新生均以这些经典酱汁开始他们漫长的职业训练，这一事实正好说明了黄油对于烹饪基础是多么重要。

> 用酱汁前打入新鲜黄油，这是最简便的提味方法。黄油让酱汁顺滑，多一点稠浓，给予它那种法式烹饪独有的味道。
>
> ——茱莉亚·切尔德
>
> 《精通法式料理艺术》，1961 年

　　酱汁或许是黄油最引以为豪的应用之一，但它在厨房里还通过很多其他方式帮助我们。老实说，难以想象还有哪种原料如此多才多艺。作为一种提升风味的烹饪媒介，黄油不管在炒锅里还是在烤盘上或者在炖锅中都能施展它的本领。它可以被蒸煮、搅打、熏制、提纯、加盐、加香料或香草调味。在烘焙方面它的地位也是举足轻重。它可以被搅成糊状、揉进面粉、填入面团或者与其他原料叠放，然后才有了无数的糖果和甜点任我们挑选。绵软的蛋糕、松脆的点心、耐嚼的糖块、干脆和松软的曲奇饼，以及奢侈的甜奶油酱，它们的发明全部归功于黄油。

　　甚至在饮料领域也有黄油的用武之地。经典的热黄油朗姆酒（hot-buttered rum）当然就不用说了，现代调酒师同样勇于在吧台运用黄油，他们将自己的发明称为洗黄油鸡尾酒（butter-washed cocktails）。调制的方法很简单：将熔化的黄油与烈酒混合，静置几个小时。然后冷却混合液，直至黄油在上层固化，再撇出黄油。剩下的酒中依然弥漫着黄油的风味。

防弹咖啡（bulletproof coffee）也是黄油饮品的新贵，不过它的灵感来自非常古老的藏族传统酥油茶。作为一种能量饮料，防弹咖啡的制法是：混合热咖啡、草饲黄油和无味的中链三酰甘油脂。这种混合液能否兑现它的承诺——减肥更快、精力更充沛、注意力更集中——还在激烈争辩当中，但任何一个尝过一小口防弹咖啡的人都会同意：它好喝的原因在于其中乳化的黄油。

难以置信，黄油竟有如此多的饮食用途。然而，它最常见的食用方法也是最简单的——直接涂抹在面包、小圆面包、吐司和松饼上。既能在甜咸菜肴烹饪中发挥诸多辅助作用，又能单独登上餐桌让人无法抗拒，除了黄油还有什么食材做得到吗？

黄油成为烹饪多面手的原因在于它独特的构造；在脂肪、水和乳固形物组成的网络中，这些成分相互协同又彼此分离，取得最佳的效果。黄油中的乳固形物通常包裹在极小的水滴里，其中含有蛋白质和磷脂，它们充当了脂肪和水之间不可见的黏合剂，是形成乳液的关键。因此，任何以水为基础的酱汁只要在用之前加入一小块黄油搅打，就能变得浓稠醇厚。（唯一需要注意的是，温度不能高——低于 140 华氏度［60 摄氏度］——以防止酱汁分解。）这一技法的术语是加添黄油（monter au beurre），将黄油"添加"到酱汁里。

> 相信我，几乎每位厨师的工作台上都有一大罐软化的黄油……在一个专业
> 厨房里，锅里几乎总是缺不了它。
>
> ——安东尼·波登 [1]
> 《厨房机密》，2000 年

接着就是制作黄油液（beurre monté），高级餐厅厨房大多会使用的一种非常不同的准备程序。它在理论上相当简单——黄油熔化但不离析。但在实际操作中却需要精巧控制。黄油是油包水型乳浊液，所以加热后自然会分散（也就是制作清黄油时自动发生的离析）。为了使黄油乳浊液结构保持完整但又要让它熔化，厨师们发明了一种技巧，加一点水，再耐心地大量搅打。

先加热几汤匙量的水到沸腾，保持弱火，然后一点点地搅打一磅或稍多的黄油到热水中。当乳脂慢慢入水后，它会悬浮在水中，这样就保持了它的乳浊液结构。假如温度和方法正确无误，那么就会得到一种奶油状的、蓬松的黄油液。因为将水和乳固形物包裹在内，所以黄油液比简单提纯的黄油味道更浓、用途更广。

厨师们赞赏黄油液是烹饪各种肉类和海鲜的好帮手，因为用它炖煮食物时加热速度比其他液体更加平缓。而且黄油的风味是额外的奢华奖赏。这一液态黄油乳浊液也是盛放和浸泡肉类的理想

---

[1] 安东尼·波登（Anthony Bourdain，1956—2018）：美国名厨、作家、电视节目主持人。主持多部旅行美食纪录片，著有《厨房机密》等。

介质；比如，将嫩煎猪里脊肉浸没在黄油液中，可以使它保持理想的温度，不流失水分，同时又渗透了黄油香味。

厨师们还常常用它作浇卤汁。只要几茶匙黄油液就可以让肉食保持鲜嫩多汁，增加风味，并使烘烤或炙烤的蛋白质增添一层可爱的亮棕色。黄油液的好处真是多多，当然最简单的用处还是面包蘸酱。

在我职业生涯的初期，有九年时间在一家全国性杂志担任实验厨房编辑。那是一份很棒的工作，每天都在跟原料和菜谱打交道，并且因此拿到酬劳。（我也靠剩余的饭菜喂饱自己。）虽然我是拿着食品和营养专业的文凭来做这份工作的，但我对烘焙特别感兴趣；大学毕业后，我曾在 CIA 学了八个月的面点制作，然后找了一份甜点厨师的工作，之后才被那家杂志聘为菜谱测试员。总而言之，黄油是我的看家本领。没有它我是无法烘焙的。但是，那是 20 世纪 90 年代，低脂或无脂的狂热势不可挡，我在杂志的烘焙工作常常要求我简化菜谱，可能的话就用植物油替代黄油。结果几乎总是在风味和质地上有所妥协。对此我也发过牢骚（"为什么不可以把真正美味的东西减少一点分量，而是大量使用乏味无聊的东西呢？"），但简化烘焙菜谱这件事让我真正明白了有或者没有乳脂会在很多感觉层次上影响味道。

黄油本身的浓郁风味使得糖果和甜点的魅力不可抗拒，但它也能提高菜谱中其他原料的滋味。香料更加香辛，巧克力更有巧克力味，柠檬味更加来劲，等等。脂肪吸收了菜肴中的其他风味，使它们在口中保持更长的时间，持久、缓慢地释放。相反，基于水的风味可能一开始比较强烈，但却不会坚持太久。有人认为，这就是人们往往吃太多低脂肪、高碳水化合物的食物的原因——淀粉的饱足感低于脂肪。乳脂熔化后覆盖在口腔内壁，产生了一种充满、全面、完整的风味感受，然后再慢慢退散。而烘焙中黄油的替代品人造黄油和植物起酥油就无法给予这样的超级体验，并且由于它们的熔点更高（更易操作），所以常常在口中遗留下一种蜡一般的黏腻感。

　　除了担当烘焙时上等的风味载体，黄油还使得一系列的质构成为可能，这取决于它与面粉和糖的结合方式。比如，制作蛋糕时先要把黄油和糖搅成糊状，这是一种给混合物打入气体的方法，也就是在加入鸡蛋和面粉之前，让脂肪中进入更多细小的气泡。这些极细的气泡困在黄油的软脂肪和晶体脂肪的网络中无法脱身，从而部分地形成了蛋糕松软有弹性、入口即化的质地。（用植物油不可能达到这种效果。）

　　给脂肪打气也能提高酵母的工作效率。比如，发酵粉的作用是释放二氧化碳，撑大面糊中已有的气泡；它不会形成任何新的气泡。这意味着蛋糕制作中的打糊步骤十分关键，它将向乳脂中输送气泡。不要性急。法式面点专家、《蛋糕的艺术》（1999）一书的合著者布鲁斯·希利（Bruce Healy）曾就制作蛋糕面糊中的每个步骤进行了大量试验，目的是找出它们与蛋糕体积之间的关系。他认为，在黄油和糖混合物中打入最大量的气泡是形成蓬松结构的关键。甚至比加入鸡蛋、面粉或液体的时间还要重要。（一般推荐用 5~8 分钟打糊，根据所使用的电动搅拌器的型号而定。）希利之前是一位理论物理学家，他指出黄油和糖打糊的理想温度是 65 华氏度（约 18 摄氏度）。温度高很多的话，黄油就会在搅打过程中熔化；低于这个温度的话，则难以打入气泡。

蛋糕的松软结构来自乳脂的另一作用：软化蛋白质。如果没有脂肪和糖来弱化它们的框架，那么小麦粉中的面筋蛋白和鸡蛋中的蛋白质将会使蛋糕的结构变硬。不过，脂肪和 / 或糖太多的话，也会导致蛋糕被它自己的重量压垮。一个蓬松软润的蛋糕展现出四大主要成分的精巧平衡。

和蛋糕不同，曲奇饼有着许多我们喜爱的质地：耐嚼、酥脆、干脆、松脆。但是除了质地以外，曲奇饼之所以为曲奇饼，还在于脂肪和糖相对于面粉的比例更高，液体即便有（来自鸡蛋）也是极少的。黄油提供了风味、油脂、水分，还给了某些曲奇饼柔韧的构造。（比如酥脆的法式甜馅饼面团——甜酥皮［pâte sucrée］和沙酥皮［pâte sablée］——实际上是将曲奇饼面团擀平之后铺进甜馅饼烤盘。）

曲奇饼烘焙过程中，熔化的黄油起到润滑面粉、糖和鸡蛋（如果加了的话）的分子颗粒的作用。当它熔化时，还导致曲奇饼平展拉伸，特别是滴落式曲奇饼（drop cookies）。（黄油甜酥饼以及其他擀平切型的曲奇饼的伸展程度很低，原因是面粉对水分的比例很高。）因为黄油的熔点低于人造黄油和起酥油，所以它可以使曲奇饼更早地伸展，伸展的面积更大，从而得到更薄的曲奇饼。

　　黄油在制作起层食品时发挥的作用恐怕是它最复杂的烘焙才能。比如，在制作派皮时，脂肪同时创造出片层和柔软两种特性。不过，导致前者的作用与形成后者的方式是完全冲突的。（难怪那么多人对派的烘焙望而却步。）要形成派里的薄层，黄油必须以微粒和碎片分散开来，使面团分层。放入加热的烤箱后，黄油碎片将熔进面粉颗粒，与此同时黄油中的水分将以蒸汽排出，进一步扩大层与层之间的距离。与之相反，面团的柔软效果（有时称为酥软）形成于黄油对面粉颗粒的包裹，而不是保持分散的状态。当黄油揉进面粉后，它将包裹面粉颗粒，阻止面粉中的面筋过于膨发而导致坚硬的质地。

　　因为黄油完成两项独立任务，所以制作起层的派面团时技术至关重要；面点师必须使用低温黄油，既要仔细揉捏实现柔软质地，又要用黄油碎块导致分层。（用低筋面粉效果更好。）

　　起酥皮（puff pastry，法语是 feuilletage）是分层更加稀薄的构造，但它所基于的原则是相同的，即让冷黄油在面粉和液体的简单面团（détrempe）中分层。在这种情况下，脂肪和面团形成交替的薄层——相当于一种"面团－脂肪三明治"，食物科学作家哈罗德·麦吉就是这么称呼这类夹着脂肪层的酥皮的。制作起酥皮的标准方法是，将脂肪面团三明治擀压、折叠和冷藏，这些步骤要在几个小时内反复进行六次，目的是让黄油层均匀分布。这一耐心细致的劳作的收获是酥皮中的层次将极其稀薄——728 层黄油区隔开 729 层面粉。当送进高温烤炉时，黄油将会熔化，体积膨胀的水蒸气将各层推开，使得酥皮的体积扩大四到六倍。

鉴于液体在此过程中的强大推力，所以一种合乎情理的推论是，在制作起层酥皮时，水含量为 16%~17% 的标准美国黄油（法律规定乳脂含量为 80%）比欧式黄油更加好用，后者的乳脂含量更高（82% 或更多），水分自然要少一些。但事实却并非如此。专业烘焙师更偏爱脂肪多的黄油（有时称作"干"黄油，法语是 beurre sec），因为它能使起层酥皮更加酥脆。（加利福尼亚州的凯勒乳品厂［Keller's Creamery］生产的普鲁格拉黄油［Plugrá］乳脂含量为 82%，在美国受到许多面点厨房的欢迎；不过在西海岸，俄勒冈州的拉森乳品厂［Larsen's Creamery］的乳脂含量同样为 82% 的典范黄油［Crémerie Classique］才是专业厨师的首选。）超市中的标准黄油容易导致酥皮变硬，这是因为其较高的水分会使面筋膨发。事实上，法国有面向专业烘焙师和面点师的特制黄油，其成分几乎全部是乳脂，比如：浓缩黄油（beurre concentré）、面点黄油（beurre pâtissier）、烹饪黄油（beurre cuisinier）。要制成这些黄油，必须缓慢熔化普通黄油，然后通过离心作用将其中的水分分离出去。提炼出的乳脂或者重新冷却，或者根据专业需求再分成熔点不同的黄油。

对于家庭烘焙使用的黄油，乳脂含量相差 2% 似乎没什么大不了，但在烘焙中却能体现出平庸和出色的巨大差别。用乳脂含量

起酥皮的精细分层是黄油中水分形成的蒸汽导致的。
（图片来源：SHUTTERSTOCK）

更高的黄油可以做出更松软的蛋糕和曲奇饼、奶油味更浓又不容易离析的糖霜。这些黄油在室温下更易把握，因为它们更加稠密紧致。

尽管拥有种种优势，高脂黄油在美国市场上仍然难寻踪影——或难以识别。有时它们被标记为欧式黄油，比如 2015 年在全美上市的新版蓝多湖牌黄油。它的乳脂含量为 82%，把它和原先的普通版一起尝一下，你就能发现两者的差别。

在购买用于烘焙的高脂黄油时，选择无盐的品牌；它们味道更甜，这样方便你控制盐量。但对于无盐黄油，新鲜度是关键，因为这种黄油很容易变质。光是站在琳琅满目的黄油货架前，并不太容易确定哪种黄油是最新鲜的，因为标签上的保质期无法保证。如果黄油在出厂后没有正确处置和储藏，那么它的限售期限就毫无意义。最好的办法是购买包装完好的黄油（锡箔包装或密封的小盒最佳），它要摆放在有封闭门的冷藏区，售卖它的市场有着良好的货物周转率。

买到了优质黄油后，要用锡箔或塑料纸包裹严密，与其他有味的食材分开储藏。除非你用得很快，否则最好把它塞在冰箱内侧，避开灯光、温度和水分的突然变化。加盐黄油比无盐黄油在冰箱中的存放时间更长——如果保护得好的话，至少可以放四个月。无盐黄油更容易变质，不过妥善存放的话，也能保质两个月。冷冻能使黄油存放更长时间，但却会让它略有颗粒感、涂抹性变差，使它的水分变得有点"稀烂"。工业黄油生产者的常规做法是，在春夏产量高峰期将大量黄油冷冻，销售之前做一些"微型修补"；这一机械过程会重建黄油遭冷冻破坏的物理结构。老实说，对于冷冻后解冻用于烘焙的黄油，我自己从来没有发现效果有多大的不同，但在可能的情况下，还是用新鲜黄油更保险。

当菜谱里用到软化黄油时，最好提前几个小时把黄油从冰箱取出，让它自然回温（65 华氏度［约 18 摄氏度］最佳）。软黄油具有延展性，但绝对不要达到油腻和松垮的地步。如果你需要加快软化的速度，可以把黄油切成小块，放置在室温下；它们会相对快速地回温。也可以用微波炉，但风险大一些。微波炉中的热量是不均匀的，很容易造成部分黄油熔化，部分还是冰冷的。如果你需要快速软化而不得不用微波炉，那就把黄油切成大小相同的小块，设定解冻时间每段为 10~20 秒，不断检查黄油是否已经软化。

正是黄油与温度的关系让它在烹饪和烘焙中的应用最终变得如此多样、有趣。黄油的美妙风味当然是使用它的充分理由，但好的黄油，不管冷却、软化或熔化的程度如何，对于食物的质地也极其重要，这些食物我们享用不尽，又习以为常。黄油的作用包括：软化、乳化、膨化、脆化、碎化、焦糖化、充实强化。我们所需要的就是掌握一点技巧。或一本可靠的食谱。继续阅读吧。

第二部分

....

食谱

全世界包含黄油的菜谱不可胜数，绝非一本书能够囊括的。所以这里的选择相对而言，只占极少数。我挑选了一些经典菜肴，它们的特质归功于黄油，体现在黄油的风味和它作为一种原料的表现。可以说，这是黄油的热门菜谱精选。没有黄油，这些风行的烹饪发明没有一项能够诞生，自然也不会出现更多的衍生品了。黄油在酱汁和面点制作方面，极大地丰富了我们的美食选项。黄油最常见和最受喜爱的应用或许仍是厚厚地涂抹在吐司上，但它所擅长的要多得多。

　　最后再说明一下：当你在钻研这些菜谱时，你会发现我有时在原料单中指明要用高脂黄油品牌（常常标识为"欧式"），以获得最佳烹饪效果。如果没有特别指明的话，你可以随意使用你手边的任意一种黄油。

1

自制黄油

　　理论上讲，黄油是个简单的发明。即使是小孩也能做，我的朋友莉泽尔（Liesel）就是一个例子。她小时候住在农场的时候，每逢周六的上午，她妈妈就让孩子们坐在电视机前面，给她们每人发一只盖好的梅森瓶[①]，里面装了一半的奶油。"说好了，我们可以看喜爱的卡通片，条件是必须同时摇晃奶油瓶。我们就一边眼睛盯着电视屏幕，一边摇晃奶油，根本不动脑筋。过一会儿，奶油就突然分成了黄色的油片和乳白色的液体。"莉泽尔的妈妈会把黄油片过滤出来，加盐、揉捏，让它变得平滑、容易涂开。

　　这就是黄油制作的本质。只需要奶油（术语是乳脂）和重复运动就足够了。无须烹调，无须添加剂，无须化学制品，只要不停地搅动。（也可以用全脂非均质奶做黄油，但难度更大，花的时间更长，特别在事先没有发酵的情况下。）与其他乳制品比如奶酪或者酸奶相比，黄油的制作似乎相当初级。但就像在第 7 章说过的，

---

① 梅森瓶（Mason jar）：一种有密封螺旋盖的大口玻璃瓶，用于保存食品。

专业黄油生产中的细微变化便会导致理想和平庸的天壤之别。当然，一个小孩就能摇晃一瓶奶油，把它分离成黄油固体和酪乳液体，但结果常常是，搅出的黄油质地有些松脆、粗糙，因为它没有得到真正的压炼。口味上，它也许是新鲜香甜的，但可能不够像黄油，也不那么细腻，而要做到这些，就得恰当地挑选、保管和成熟奶油。这一节介绍如何自制黄油，我会试着把一些最好的做法搬到家里的厨房。必须承认，搅拌黄油既有趣又值得去做，花的时间和精力也不会多。你甚至不需要一台真正的搅拌器，任何能搅动奶油的东西都可以。但有一些细节，我在接下来的食谱里会说到，它们能保证让你万无一失，甚至做出相当美味的黄油。

> 我们总是在蛋刚生下来就直接给它们涂上黄油。我们拿黄油包装纸给每一只暖暖的蛋敷上薄薄的一层黄油，这样来保存它。涂了黄油的蛋能卖更多的钱。我们不洗蛋——洗了就涂不上黄油了。黄油密封的蛋更好吃。要是把蛋放冷了再涂黄油，蛋壳就看上去油腻腻的。但温的时候涂，蛋壳就有一种可爱的光泽。
>
> ——玛奇·埃亨（Madge Ahern）
> 来自科克县卡里加罗罕村伍德赛德的圣科尔曼，2007 年

❋ 甜奶油黄油
· · · ·

工业乳品产商已经将大量生产甜奶油黄油的工艺做到了完美。他们把超级新鲜的奶油运到黄油工厂，进行巴氏杀菌、冷热处理，然后将奶油送进连续自动搅拌器。几分钟后，淡黄色的涂抹品就生产出来了——香甜、平滑、温和。在超市可以随时买到新鲜黄油，所以自己动手做似乎毫无意义。（也不大可能会省钱。）但是，除了 DIY 的满足感外，我们也有充足的理由。自己搅拌甜黄油，可以做到比商业品牌更高的乳脂含量和更低的含水量。而高脂黄油——脂肪含量达到 82%~86%——不仅更加肥美诱人，而且更适合烘焙和烹调，所以值得做一些备用。

其次，如果你能得到很好的奶油——比方说，来自放牧的泽西牛或根西牛——你的自制黄油将更加美味，包含更多健康的共轭亚油酸，并且拥有漂亮的金黄色。如果你能从本地一家出售安全可靠的生牛奶的奶牛场得到生奶油的话，那就更好了。不过，在很多国家，生奶油是不允许销售的。所以你最有可能用的是巴氏杀菌过的奶油，那么试着找到一种不是超高温杀菌并且没有添加剂的奶油。有些所谓的打发奶油（whipping cream）是加了稳定剂的。理想情况下，你要找到一个品牌，它的成分标签上只写着"奶油"。

至于说设备，只要能搅打奶油的都可以，不管是有密封盖的瓶子、碗和打蛋器、电动立式搅拌机，还是食物加工机。干劲十足的黄油制作者主张采用平转或翻转震荡奶油的方式，而不是简单地用桨片或刀片击打。前一种方法据说对脂肪分子更加轻柔，做出的黄油质地更好。以我（粗浅的）经验，用食物加工机搅拌能够做出涂抹性好、质地优良的黄油，但最重要的一点是，黄油一旦形成，就不要再过度搅打。

最后还有一点值得说一下，因为制作黄油的新手对此常常搞不清楚：甜奶油黄油制作剩下的酪乳并非真正的酪乳，那种有着刺激口味的发酵乳液。传统酪乳是发酵黄油生产的副产品，而超市里出售的多数酪乳其实是低脂牛奶加乳酸菌发酵制成的。甜奶油黄油的副产品平淡而没有刺激口味，有点像脱脂奶，但没有蛋白质成分。

一天早晨在巴利马娄（Ballymaloe）烹饪学校，一位同学正在打发奶油做布丁用。她让搅拌机开心地运转，而她离开了去给她的菜品做最后的装饰。突然之间发出了溅洒的声响。奶油打发过度了，她惊讶地发现碗里基本上是黄油。她正准备把它倒掉的时候我到了旁边，于是我就在黄油进鸡食桶前把它挽救回来。我把其他同学都叫了过来，向他们解释奶油变成黄油这一奇迹是怎么发生的。他们的惊奇和快乐让我意识到，一半以上的同学不了解黄油来自于奶油，或者不知道在家里不需要特殊设备就能轻松地做出黄油。这绝对是一项被遗忘的技能。

——达丽娜·艾伦（Darina Allen）
巴利马娄烹饪学校创办人和食谱作者

制作约 3/4 磅黄油

. . . .

原料：

   1   夸脱（4 杯）浓奶油（最好不是超高温杀菌的），
       约 55 华氏度（约 13 摄氏度）

       盐（可选）

1. 将奶油倒入一尘不染的大碗、大瓶或食品加工机的容器。如果使用立式搅拌机，则安装搅打附件。用封闭的容器搅拌时，比如瓶子、经典桨式搅拌器或食品加工机，顶部留出的空间应和奶油的体积相等，这很重要。在搅打奶油为黄油的过程中，空气是必不可少的。

2. 击打、搅打、加工或摇晃奶油，使之达到打发状态。继续搅拌奶油，使其进一步变稠，颜色从灰白变成淡黄；这个过程需要至少 5~10 分钟，取决于你的设备。当它开始看上去呈卵石状时，就差不多成为黄油了。（如果用立式搅拌机，应停止搅打，用保鲜膜在碗上蒙一个篷，将搅打附件和碗的上部包围在内，这样之后的液体就不会溅出来。）

3. 再过一分钟，奶油会产生凝结，然后突然就分离成浑浊的发白的液体（即酪乳）和黄色的小凝乳块。将混合物转移到一个细孔滤网，滤除液体。用冷水简短地洗涤黄油块，使它们变硬，并把任何残留的乳液冲洗干净。

4. 最后一步是简短地揉捏或"压炼"黄油，挤出更多的液体，使黄油变得更加平顺光滑。过去人们使用一种叫黄油帮手的小木桨片来压炼黄油，如今已没多少人有这东西了（不过在网上还是可以买到）。可以用其他方法来压炼黄油。最好避免直接用手接触，因为手的温度会破坏黄油质地，导致它部分熔化。可以用一块干净潮湿的平纹细布或几层薄棉纱布包住黄油块，放在一个大碗里或大理石之类的清凉干净的台面上，然后用手揉捏。布会吸收多余的水分，并作为黄油与手之间的屏障。也可以用立式搅拌机，换上桨叶附件，以最低速搅动黄油固体，把多余的液体挤压出去。千万要注意：不要在用过的木切板或台面上揉捏黄油，这些表面上通常有一些残留的食物气味。黄油会像磁铁一样吸附它们。

5. 揉捏黄油直到质地稠密柔滑，通常不超过 3 分钟。根据自己的喜好，加入粗盐或精盐。加一点点盐到黄油中就可以起到很大作用，所以加的时候要小心谨慎，尝一尝。一条（¼ 磅）商业加盐黄油平均含有 ¼ 茶匙精盐，所以对于 ¾ 磅黄油，就需加入三倍量的盐。不过，这是你自己的黄油，你可以按自己的意思加多一点或少一点盐！

6. 这样你的黄油就做成了。但还可以放进黄油模具按压成形。关于如何用木质或硅树脂模具将黄油塑形，见第 212 页。

❋ 发酵黄油

. . . .

在制冷技术和黄油工厂诞生以前，世界上所有的黄油都属于发酵黄油——取决于各地区的气候和偏好，刺激性程度各有不同。所谓发酵，指的是将生牛奶静置半天或更长时间，这样奶油就会浮到上层，然后撇出用于制作黄油。在此过程中，传统乳产环境中大量存在的乳酸菌就会入侵奶油，在其中培养细菌。今天的离心分离机会将奶油从乳液中立即分离出去，然后进行巴氏杀菌（高温），从而杜绝了任何不良的细菌培育。

因此，要用巴氏杀菌奶油做发酵黄油的话，我们得加入一些曾经使奶油成熟的环境微生物群。然后将这一生物占据的奶油静置12~36小时，直到它稠厚得像法式酸奶油。接着是冷处理——冷藏约20小时。这一步对于制作发酵黄油并不是必须的，但是它能改善黄油成品的质地，特别当原料是夏季奶油时。冷处理的奶油因为调整了其中的脂肪分子结晶状态，所以产出的黄油更加平顺柔滑。

除了这些预备步骤外，发酵黄油的搅拌和压炼工艺与甜奶油黄油基本一样，有一个步骤存有争议：用冷水清洗发酵黄油。许多制作者，既有商业生产者也有手工工匠，的确洗涤发酵黄油，目的是延长保质期，尽管现代冷藏技术的保鲜效果已经相当出色了。但也有小部分生产者声称，发酵黄油中残留的浓郁酪乳也是美味可口的。将酪乳清洗干净会削弱黄油的口味。这个观点也有道理。

（甜黄油的酪乳味道平淡无趣，所以你没有牺牲什么东西。）所以归结起来就是两种选择，更浓醇的风味，还是更长的保质期。如果你在发酵黄油做出后一周左右的时间内就吃完它，那么确实没有必要清洗。

奶油发酵剂最好从奶酪生产用品店（网上有很多）购买，至少一开始要这样做。在第一批次后，你就可以将一些剩余的酪乳留下来，作为你下一批黄油的发酵剂，以此类推下去（就像做发面面包一样）。许多在家中自制黄油的人使用天然益生菌酸奶作为奶油的培养菌，因为它比较容易获得。某种程度上这是可行的。酸奶培养菌是嗜热菌，意味着它们在接近 110 华氏度（约 43 摄氏度）的温度条件下生长最好。不同的是，从供应商处购买的培养菌是嗜温菌，它们在更低的温度范围内生长最好，这个温度范围对奶油是最适合的（64~77 华氏度［约 18~25 摄氏度］）。黄油专用的混合微生物发酵剂——比如一种叫 Flora Danica 的热门品牌——还能在奶油中生成更多的丁二酮和内酯，即形成标志性黄油风味的不可见化合物。Flora Danica 由丹麦的汉森公司（Chr. Hansen）生产，通过美国的大部分奶酪生产供应商都可以买到。它是四种培养菌的冷冻干燥的混合料，其中两种细菌推动酸化，另外两种产生黄油风味。酪乳培养菌（比如新英格兰奶酪生产用品公司［New England Cheesemaking Supply］在网上销售的一种）也是不错的第二选择。酸奶培养菌通常做出的黄油味道更加浓烈。

如果你买不到理想的黄油培养菌，那么你也最好不要用酸奶，而是用店里卖的法式酸奶油作为发酵剂。它能够产生更多的黄油风味。

制作约 ¾ 磅黄油
. . . .

原料：

¼　茶匙冷冻干燥的 Flora Danica 培养菌、酪乳培养菌，
　　或⅓杯法式酸奶油或酪乳
1　夸脱（4 杯）浓奶油（最好不是超高温杀菌的）
　　盐（可选）

1. 在用于搅拌的大碗或大瓶中放入培养菌和 1 汤匙奶油。让培养菌解冻几分钟，再将其混入奶油，使之呈粒状。如果用法式酸奶油，那么在碗中或瓶中将其与 ¼ 杯奶油混合均匀。

2. 将剩余的奶油加热到 75 华氏度（约 24 摄氏度），然后倒入搅拌容器，与里面的培养混合物搅拌均匀。用保鲜膜宽松地盖上，在室温下放置 16~24 小时，直到它像法式酸奶油一样浓稠。（这时如果把它用细筛过滤，那么得到的是马斯卡彭奶酪。）

3. 这一步是可选步骤，但是强烈建议完成。将覆盖的浓稠的奶油冷藏至少 12 小时，最多 24 小时。这个冷藏步骤——叫作奶油的冷处理——改变了脂肪的晶体结构，最终形成涂抹性

更好的黄油。黄油的风味和酸度也会有所强化。

4. 将冷藏的黄油缓缓加热到约 55 华氏度（约 13 摄氏度），这是把乳脂从奶油的液体部分中分离出来的最佳温度。最简单的加热方法是把装冷藏黄油的碗放入一个更大的碗内，大碗里装有一些温水。轻轻地搅动奶油，直到它达到 55 华氏度。多数冰箱设定在 45 华氏度（约 7 摄氏度）左右，所以加热只需要很短的时间。

5. 接着从制作甜奶油黄油的第二步往下做（第 189 页）。如果想省略清洗的步骤也可以。

　　一位在苏格兰土生土长后来才到爱德华王子岛的老妇人烦躁地说："我已经搅了将近一个小时，黄油就是不出来；我要找根拨火棍。小精灵们又来了。"她告诉我，有时候小精灵会钻进搅拌器里，这不是关系到你能得到多少黄油，而是你根本就搅不出来黄油。唯一的解决办法是用一根滚烫的搅火棍把它们赶出来……她把它插进奶油里，开始搅拌。我惊讶地发现，很快黄油就开始凝聚。所以，老妇人非常肯定，她已经把小精灵们从搅拌器中赶了出来。

——《红与白》杂志，1937 年

❋ 酥油

. . . .

在讲解传统酥油制作工序之前，我要澄清一个经常被误解的问题：所有酥油都是清黄油，但不一定所有清黄油都是酥油。两者开始的工序是一样的，即在锅中熔化黄油，使其分离成三种成分：乳脂、水和底部的沉积物，叫作乳固形物。做清黄油，目的是去除锅底的固体；这些固体导致黄油的烟点（250 华氏度［约 121 摄氏度］）低于植物油，使得它很容易烧焦，冒出刺鼻的浓烟。当把这些固体去除后，剩下的乳脂油和水分就可以加热到更高的温度（400 华氏度［约 204 摄氏度］）而不会烧焦。

酥油制作比这走得还要远。熔化的黄油在锅中慢慢炖烧，直到所有的水分都蒸发干净，乳固形物变成吐司一样的深棕色。然后再过滤乳脂油去除固体。（食品工业中，得到的乳脂油术语叫无水乳脂。现在的生产技术是将高脂奶油直接转化为酥油，跳过了生产黄油这一步。）酥油可以像清黄油一样使用，但它的滋味和气味通常更加浓烈，并且因为不含水分，所以保质期更长。炎热气候下的保存是酥油问世的根本理由。

按照古代阿育吠陀传统制作的真正酥油则有着进一步的差别。收集制作黄油的牛奶后要先加入类似酸奶的发酵剂发酵一整夜。（印度人传统上使用水牛奶，但牛奶也正变得更加普遍，因为它更可行，并被认为更健康。）不把奶油撇取出来，而是让牛奶在发酵过程中保持完整。第二天会生成像酸奶一样浓稠的全脂牛奶混合物（dahi），再搅拌它制作黄油。（搅拌得到的副产品是刺激性的酪乳，即发酵脱脂奶，常常回收制成拉西酸奶奶昔［lassi］风格的印度饮料。）阿育吠陀传统将许多有益健康的（甚至是超自然的）特性赋予了这种所谓本土风格的（desi）的纯正酥油，从愈合伤口、清洁体内、增强免疫力到延缓衰老和促进肠胃蠕动。

　　我惊奇地发现印度市场上的酥油种类繁多。在我去过的印度北部旁遮普邦的城市里，街道两旁开着不计其数的小特产店，只卖各种各样的酥油，很像我们国家的酒类专营店。货架上摆着一摞摞大罐装工厂酥油，都是用氢化油制成的廉价植物酥油，也摆着盒装的和其他容器包装的天然酥油——水牛和奶牛的都有——以及小罐的优质酥油和纯正酥油。柜台上，商人们展示出大桶的当地酥油，按重量出售。顾客买多买少都可以，老板把酥油舀进塑料袋交给顾客。回到家中，印度人将不同种类的酥油用于烹调菜肴或健康疗法；它被认为既是一种食物，也是一种药物。这些店铺的生意全都很红火。

　　我在烹饪时也常常用到酥油，不仅仅用来做咖喱和其他需要它的印度菜。酥油非常适合嫩炒蔬菜或者把肉类煮成褐色，这些烹饪方法温度太高，不宜用黄油。大多数植物油（优质橄榄油除外）对我来说加工太多，用起来有违良心，而且它们在高温下更加不健康。所以，酥油是我的必选之油，我用它烙薄饼、炖肉、煎肉排、烤鱼、焖蔬菜，什么都做。而且，以我的经验，酥油像黄油一样能给菜品增加风味深度，而这是植物油无法做到的。

为了接近用酸奶制成的纯正酥油，下面这个菜谱用的是发酵黄油。你也可以用标准无盐黄油，它出来的滋味和气味温和一些。

制作 1½ 杯酥油
· · · ·

原料：

> 1 磅（4 条）高乳脂（82% 或更高）无盐发酵黄油，
>   切成厚片

1. 将所有黄油放入一个厚底中号锅，以中低火加热至缓慢熔化。约需要 5 分钟。

2. 熔化的黄油将渐渐起沫、分离，有固体沉降到底层。表面出现气泡，表明乳脂下的水分正在渗出、汽化。这时应以小火慢煮熔化的黄油；温度过高将烧焦乳固形物、破坏酥油。

3. 约 15~20 分钟后，气泡逐渐变少，表面的泡沫增多。底部的固体颜色逐渐变成吐司色。轻轻地将顶上的干泡沫撇去。当泡沫下的乳脂油非常清晰、金黄，底部的乳固形物呈现深棕色时，酥油就制作完成了。

4. 把细孔滤网放在一只干净的玻璃瓶上，在滤网中放入一张咖啡滤纸；将黄油混合物倒在滤纸上，收集瓶中清澈的酥油。美国的许多酥油制作食谱都会叫你把固体直接扔掉，但在印度这些美味的深棕色物质是做甜食和糖的宝贵原料。这些固体也是法式烹饪中经典的棕色黄油（beurre noisette）美味可口的原因所在。所以请把剩余的固体保存起来（放在冰箱里），它可以为你的下一次烹饪增添黄油的芳香，不管是用它做曲奇饼、蛋糕或其他烘焙食品，还是用它来嫩炒蔬菜。

用其他动物奶制作黄油

用牦牛奶或水牛奶制作新鲜或发酵黄油的步骤与用奶牛奶的步骤是一样的。但是，因为这些动物奶的脂肪含量高于牛奶，所以重要的是，用于搅拌的奶油的乳脂含量不得超过 45%。根据季节不同，搅拌前还可能有必要将奶油微微加热，使之达到约 65 华氏度（约 18 摄氏度）。（在喜马拉雅山区和印度，我经常见到妇女们在制作黄油的最后阶段往搅拌器里加热水。）

山羊黄油和绵羊黄油的制作在程序上有一些调整。山羊奶中的乳脂比奶牛乳脂的熔点低，所以要搅拌山羊黄油，其奶油必须保持在一个相对低的温度——约 35 华氏度（约 2 摄氏度）。否则，就会搅成糊状，而不是分离出黄油颗粒。

绵羊奶的脂肪含量大约是牛奶的两倍。在用绵羊奶制成的奶油搅拌黄油时，关键之处在于脂肪含量不能超过 40%，不然也不会形成乳脂颗粒。（乳比重计可以测量乳脂含量，网上有售。）为了防止得到的黄油质地油腻，绵羊奶油也必须在巴氏杀菌后进行冷处理，需冷藏约 24 小时。搅拌绵羊奶油的最佳温度也应该相对较低——约 40 华氏度（约 4 摄氏度）。

❋ 埃塞俄比亚调味清黄油（Niter Kibbeh）

· · · ·

除了印度次大陆以外，世界上还有很多地方自古以来也制作类似酥油的乳品，这就造成了几乎同样的东西有着五花八门的名字。埃塞俄比亚的调味清黄油的制作方法近似酥油，在烹调和医疗上的用途也类似酥油，但在微火熬煮的阶段要加入香草和香料。埃及人做的 samna baladi 与酥油几乎相同，只是它通常是用水牛奶做成的，所以像水牛黄油一样呈现白色。在厄立特里亚，当地人做的 tesmi 与酥油类似，但常常要加蒜和其他香料。摩洛哥人制作一种叫作 smen 的加盐酥油，里头浸泡牛至，通常要发酵若干个月甚至若干年。牛至具有天然的抗真菌特性，使得 smen 在发酵过程中不至于变质。我试吃了一点年代短的 smen，口味上有点刺激但非常有香草味；我可以想象它用在炖菜和浓汤中是非常棒的。据说，一块陈年 smen 拥有优质蓝纹奶酪的柔滑的浓郁味道。

我品尝过华盛顿特区附近的埃塞俄比亚人社区生产的调味清黄油，它具有一种独特的香草风味，那是因为除了蒜和姜以外，它还使用了一些不太常见的香草，比如：besobela（圣罗勒），koseret（一种非洲野生灌木 Lippia javanica 的带有柠檬香味的叶子），korerima（埃塞俄比亚小豆蔻）。将它放入文火慢炖的菜中，用它煎鸡蛋，甚至与爆玉米花一同食用，都是很不错的。鉴于很难找到真正的埃塞俄比亚香料，下面的菜谱只是近似于调味清黄油的风味。如果你能找到 besobela 或者 koseret，那么各加一汤匙到下面所列的原料中。

制作约 3/4 杯

. . . .

原料：

½　磅（2 条）加盐黄油，最好是发酵的

½　杯粗洋葱碎

2　瓣蒜，剁碎

1　茶匙小豆蔻籽

1　根肉桂条

1　汤匙去皮剁碎的新鲜生姜

1　汤匙胡芦巴籽

1. 将黄油放入一个中号锅，小火加热至熔化。然后加入所有原料，把火稍稍开大，将混合物加热到微微沸腾。

2. 继续文火慢炖黄油混合物约 20 分钟，间或搅动一下。关火端开，晾至室温。将混合物通过一个细孔滤网倒入一只干净的玻璃瓶。扔掉香草、香料和残渣。冷藏 8 个月。

❋ 清黄油
• • • •

制冷技术应用之前，欧洲北部地区通常用盐保存黄油，或者埋藏在低温的泥炭沼中，所以就没有必要像亚洲和非洲的高温地区将黄油熬成能够长期保存的酥油一类的制品。但是，出于另外一个原因——高温烹饪，熔化和熬炼黄油也在欧洲厨房流行开来。在高于 250 华氏度（约 121 摄氏度）的条件下，黄油中微量的乳固形物——蛋白质和碳水化合物——会使得黄油烧焦冒烟。将这些固体去除后，生成的"清"黄油则可以抵挡比之前高出 100 华氏度的温度。

清黄油又称为熔化黄油（drawn butter）、熔炼黄油（Butterschmalz），在专业厨房中应用广泛。但是，随着家庭烹调变得更加精细，清黄油的用户群体也在不断扩大。这毫不奇怪，在家里储备一小盒清黄油，用来快煎肉类，煎炸任何裹面包屑的食物，炸薯条，甚至油氽，都很不错。

制作 1½ 杯清黄油
• • • •

原料：

1　磅（4 条）无盐黄油，切成厚片

1. 将所有黄油放入一个 1 夸脱的厚底锅，以中低火加热至缓慢熔化。约需要 5 分钟。

2. 熔化的黄油将渐渐起沫、分离，有固体沉降到底层。表面出现气泡，表明乳脂下的水分正在渗出、汽化。这时应以小火慢煮熔化的黄油；温度过高将烧焦乳固形物。

3. 10~15 分钟后，轻轻地将表面聚集的白色泡沫撇去。注意底部的固体——当它们一呈现出浅吐司色，就把锅从火上移开。

4. 将细孔滤网放在一只干净的玻璃瓶上，在滤网中放入一张咖啡滤纸；将黄油混合物通过滤纸倒入瓶中。这时清黄油就做好可以用了。也可以再放置降温,盖好冷藏,供以后使用。(它能保存几个月。)

5. 将咖啡滤纸上的金黄色乳固形物保存起来，以后不管是做烘焙、吃早餐、烤蔬菜，还是打酱汁，这些都是不错的黄油味的调味品。

❋ 棕色黄油（browned butter）
· · · ·

在发明这一烹饪技法的法国，棕色黄油被称为 beurre noisette，原义是"榛子黄油"，因为黄油中的乳固形物加热到深吐司色时会产生一种坚果味。黄油中并没有加入榛子。

制作棕色黄油的前几步与清黄油相同，之后要继续加热，使锅底的乳固形物变成漂亮的棕色，并且在使用前不要把它们过滤出去。棕色黄油的要义是享受那些深色碎渣的泥土芳香和坚果风味。唯一的诀窍是不要烧焦这些固体，它们可能眨眼间就从亮棕变成焦黑。

在传统法式烹饪中，棕色黄油通常作为酱汁使用，搭配淡味鱼如鳕鱼或鳒鱼，或者淋在蔬菜上，尤其是芦笋。不过现在，作为调味酱的棕色黄油用起来相当灵活，可以在一日三餐的各种菜品中使用。冷却至坚实稠密的棕色黄油还可以替代普通黄油，用于烘焙挞皮、蛋糕、曲奇和麦芬。只要一道菜适合浓黄油味和淡坚果味（几乎包括所有菜品）的一道菜，那么棕色黄油就是可以信赖的提味调料。

制作约⅓杯棕色黄油
· · · ·

原料：

    8   汤匙（1条）无盐黄油，切成厚片

1. 将黄油放入一个深底嫩煎锅，小火加热，使黄油缓慢、均匀熔化。调整为中低火，仔细观察黄油，看到它开始起沫、分离，有固体沉降到底层。

2. 注意底部的固体碎片——当它们一呈现出深吐司色，就把锅从火上移开，停止加热。将棕色黄油倒进耐高温的容器，不要留下锅底部的棕色碎渣。

3. 立刻使用，或者晾凉至室温，盖好冷藏。棕色黄油能在冰箱中保存至少两周，但最好还是新鲜时食用。

❋ 复合黄油（compound butter）

　·　·　·　·

这种调味品又称为风味黄油（flavored butter）、润色黄油（finishing butter）或 beurre composé，其实就是黄油和一种或多种调味料的混合物。有大量咸味和甜味品种，可能性可谓不计其数。（对我而言，最美好也最惊奇的一次在外品尝黄油的经历是，在一次黄油品尝环节中，面对七种不同颜色的风味黄油摆放在一块长奶酪板上。当然，是在法国。它展示出黄油与调味品结合后会有多么美味。）

餐馆中复合黄油的经典用法是在刚烧烤好的肉排或鱼片上放上一个圆片。通常，与肉类搭配的复合黄油中加入的是迷迭香、青葱和/或蒜；与海鲜搭配的加入的是柠檬、刺山柑花蕾、莳萝或欧芹。将复合黄油缓慢熔化，可以作为主菜的速食酱。

同样的方法也适用于烧烤、蒸煮或嫩炒的蔬菜。比如，将芫荽叶黄油厚厚地涂抹在烧烤的甜玉米上食用就很不错，新鲜薄荷黄油与蒸甜豌豆的组合也很棒。我最喜欢的一种是蜂蜜和粗芥末黄油，它适合搭配鸡肉或三文鱼，抹在自制松饼上也很好。

利用食品加工机可以快速地制作复合黄油，但是会失去对调味料质地的把控。新鲜香草可能因搅拌太过而失去它们特有的形状。但要是做各式坚果黄油，或另外一种我喜爱的复合黄油——熏鲑鱼和红洋葱黄油，食品加工机就能省下很多时间。

下面介绍复合黄油制作和塑形的基本方法（用加工机和用手），

塑成经典的圆柱形最适合切成圆片使用。当然，也可以把黄油直接装进干净的小瓶子（它们是漂亮的 DIY 礼物！）。在这些步骤后面，我给出了一些复合黄油的设想以及建议的原料比例。但是量不是什么硬性规定。可以根据你自己的口味进行调整。那就开始吧。

制作 1 个复合黄油圆柱，约 4 盎司

· · · ·

原料：

    8   汤匙（1 条）无盐黄油，软化至室温

    调味料（建议的原料附后）

1. 在食品加工机的碗或一个中号金属碗中混合所有原料。简短地震荡搅拌混合物，或手持橡胶刮铲搅动，使黄油和调味料完全混合。避免过度混合，以免造成黄油质地在室温下变得油腻。

2. 取一张 10 英寸长的蜡纸或防油纸，用橡胶刮铲取混合物在纸的中央涂抹一条 5 英寸长的长条，两端各留下 2½ 英寸的边界。

3. 卷起纸的边缘覆盖和包裹黄油，然后快速有力地来回滚动包裹的黄油，形成一个光滑、均匀的圆柱，厚度约为 1½ 英寸。

4. 叠紧圆柱两端的纸，使之完全封闭。冷藏至少一个小时使风味充分融合；放一整夜则更好。最好用温热的刀切片。复合

黄油一般能在冰箱里放至少两周。如需保存更长时间，则要用铝箔包好后冷冻，保质期可达六个月。也可以从纸中间切成两半，将其中一半冷冻，供以后使用。

调味料

• • • •

将以下任一组合与一条黄油混合。

韭菜黄油（适合搭配面包、新鲜意大利面食、烤土豆）

¼　杯细韭菜碎

1　　大瓣蒜，用 Microplane 牌擦子擦成末

⅛　茶匙盐

粗芥末和蜂蜜黄油（适合搭配冷切三明治）

2　　汤匙全麦芥末

1½　汤匙蜂蜜

1½　茶匙第戎芥末

橄榄 - 红甜椒黄油（适合搭配克洛斯蒂尼吐司 [①]、炒蛋）

¼　杯去核切碎的油浸腌黑橄榄

———————————

① 克洛斯蒂尼吐司（crostini）：一种吐司，上有奶酪、肉、鱼或西红柿等，作为第一道菜。

¼　杯去核切碎的绿橄榄

2　汤匙切碎的红甜椒

柠檬欧芹黄油（适合搭配贝类、烤蔬菜）

2　汤匙剁碎的扁叶欧芹

1　汤匙鲜柠檬汁

1　茶匙橙皮细末

¼　茶匙盐

浆果黄油（适合搭配司康、麦芬、吐司和法式吐司）

¼　杯覆盆子、蓝莓或草莓的抹酱（不是果酱）

½　茶匙柠檬汁

　　少许盐

✳ 冷熏黄油（cold smoked butter）
· · · ·

我第一次对制作冷熏黄油产生极大的兴趣，是读了迈克尔·波伦[①]的《煮》一书，书中记述了他在西班牙大厨比特·阿金索尼斯（Bittor Arguinzoniz）的高级餐厅品尝冷熏黄油的经历。在试吃了大厨做的两种烟熏黄油（奶牛的和山羊的）后，他说："这些是我这个下午最难忘的味道，甚至也是我探究用火烹饪的整个旅程中至今最难忘的。"他接着描述烟熏黄油的体验是"完全出乎意料，甚至深受感动"。对这样的证词，我怎能置之不理呢？

冷熏通常需要相当复杂的准备工作：一个热室烧木屑，一个冷室远离热室的热量，一根管道将热室的烟输送到冷室。预备这些对我来说可能是一项比较艰巨的任务，但我发现了一个设备可以让冷熏黄油变得非常简单。它（聪明地[②]）叫作烟熏枪（Smoking Gun），生产商是一家从事前沿烹饪科技的公司 Polyscience（polyscienceculinary.com）。向一个微型燃烧室内装入少量木屑，点火，立刻就能出烟，将枪口对准要熏制的食物就行了。更妙的是，它还配有一个烟管附件，用它可以把烟导进一个用保鲜膜密封包好的容器，这样里面的食物就可以浸泡在烟云里，需要多长时间

[①] 迈克尔·波伦（Michael Pollan，1955— ）：美国著名饮食作家，现为加州大学伯克利分校和哈佛大学教授。著作有《杂食者的两难》《为食物辩护》《吃的法则》《烹》等。

[②] smoking gun 在英语中约定俗成的含义是"确凿的罪证"，烟熏枪命名时正好利用了这一习语，故作者有"聪明"一说。

就多长。这对熏制黄油特别适合，因为没有热量传递，所以不会导致黄油熔化。

微熏的加盐黄油——也就是说，只有一丝木火味——涂抹在烤粗面包上异常美味。要是用于烹调菜肴，比如熔化在三文鱼上、嫩煎茄子或加入蒸贻贝的高汤，不妨将烟味熏得更重一点。这时，黄油更像是风味十足的烟熏调味品，而不是简单的涂抹品。

制作 1 杯冷熏黄油

· · · ·

原料：

    2　条加盐黄油，冷却但保持柔软

1. 将黄油条切成两段，放入一个深底金属碗。用保鲜膜将碗覆盖严实。

2. 向烟熏枪中装入少量木屑。将烟管一头接到枪口上，另一头从保鲜膜下伸入碗中；重新密封好保鲜膜。

3. 点火，使烟在碗中集聚约 10 秒钟。关闭烟熏枪，让黄油在烟中浸泡约 10 分钟，如果想得到更强烈的风味，那就再延长 10 分钟。

4. 继续用食品加工机搅拌黄油或者手持橡胶刮铲搅动，使烟熏味道更加均匀。用防油纸或保鲜膜包好黄油，冷藏备用。

黄油模具、印章和印模

　　使用新式或老式木质黄油模具塑形和／或装饰黄油必须完成一个准备步骤：在冰水中浸泡模具至少 10 分钟，使木材浸透和冷却。这会防止黄油粘黏，使它的形状以及任何压印的图案出来时干净、漂亮。

　　浸泡后，用纸巾贴在模具内侧，吸干任何多余的水分。在冰冷、潮湿的模具里密实地塞进略微软化的黄油（质地不能过于细软），先按压好底部的图案。装满黄油，使顶部平整。冷冻 10~20 分钟，视模具大小而定。然后翻转模具到一张防油纸或保鲜膜上。如果模具有一个撅子之类的把手，会帮助释放黄油。没有的话，就把模具倚在一个台面上轻轻敲击，直到倒出黄油。包裹和冷藏黄油备用。

　　直接按压到黄油表面的木质黄油印章和印模也要在冰水中浸泡以防止粘黏。压印的黄油不要太软，也不要太硬。用力按压时，只有冷却但柔软的质地才能形成清晰的压印图案。

　　用现代硅树脂的糖果和巧克力模具可以很容易地把黄油塑造成小巧的形状。直接把软化的黄油抹进模具，冷藏至黄油变硬。翻转模具，轻轻地按压或微微弯曲模具，将塑形好的黄油取出。

　　用温水和小苏打清洗黄油模具，不管是木质还是其他材质的。不要用肥皂，它们的余味会附着在模具上，进而污染你的黄油。

2

烘焙食谱

❋ 最棒的脆皮奶酥蛋糕（crumb cake）

我这个人讲话不爱夸张，所以当我说这是最棒的脆皮奶酥蛋糕，你完全可以相信我。这种金黄色蛋糕松软可口，上面覆盖着一层富有嚼劲的奶酥皮。它的味道棒极了，因此当我筛选最能凸显黄油主角地位的菜谱时，第一个就想到了它，尽管我只吃过一次这种蛋糕，而且还是 15 年前在一个朋友家里。我和这位朋友诺拉·拉斐尔（Nora Raphael）已经久未联系了，但我决心得到这个菜谱，于是我就给她的语音信箱留了一条我觉得很唐突的信息。她立刻给我回了电话，并在电话里复述了这个菜谱。这个菜谱显然有年头了，它还是很多年前在某次基督教的教堂活动上，一位姓科伦坡的老妇人送给诺拉母亲的。

在最初的菜谱里，这种蛋糕是在一种有边框的烤盘中烤制的，所以相对于厚重的脆皮奶酥，蛋糕胚的分量简直微不足道。现代脆皮奶酥蛋糕的前身 Streuselkuchen———一种传统的德式扁平形蛋糕——就是这个样子。我家更喜欢蛋糕胚多一点，所以为了提高蛋糕胚的比例，我选择用 9 英寸方型深底烤盘烤制，同样也能做出厚实松脆的奶酥皮。另外，在做奶酥皮时，我还用红糖代替了部分白砂糖，因为我喜欢红糖的味道。如果你偏爱更多的奶酥皮，更少的蛋糕体，那么你只需要把制作奶酥皮的原料加倍就可以了，然后用一个 13 英寸 ×9 英寸的千层面烤盘烤制（就像我的朋友诺拉做的那样）。

制作 1 个 9 英寸蛋糕

· · · ·

奶酥皮原料 [①]：

3	杯中筋面粉
1	杯浅色红糖（light brown sugar）
⅓	杯白砂糖
1	汤匙肉桂粉
½	茶匙盐
10	盎司（2½ 条）无盐黄油，切成小块，软化备用

---

① 本书中部分原料的计量单位的换算方式为：1 茶匙 =5 毫升；1 汤匙 =3 茶匙 =15 毫升；1 杯 =16 汤匙 =240 毫升；1 杯面粉 =130 克；1 杯糖 =200 克；1 条黄油 =8 汤匙 =112 克；1 茶匙盐 =6 克。

蛋糕胚原料：

8	汤匙（1 条）无盐黄油，软化备用
¾	杯白砂糖
2	杯中筋面粉
2	茶匙发酵粉
½	茶匙盐
2	个大鸡蛋
¾	杯牛奶（最好是全脂牛奶）
1	茶匙香草精
	糖粉（可选）

1. 制作奶酥皮：将面粉、红糖、白砂糖、肉桂粉和盐放入一个大碗，混合均匀。将黄油块倒入碗中，轻轻颠碗，使黄油均匀裹上一层面粉。用手抓起、捏揉、挤压、揉搓，将黄油压进面粉混合物中。重复这一动作，直到所有原料充分混合。将面团分成网球大小的小份，放置备用。然后开始制作蛋糕胚。

2. 预热烤箱至 375 华氏度（约 191 摄氏度）。在 9 英寸深底烤盘的底部和四边涂抹黄油，并撒上一层面粉。将黄油和糖放入大碗，用电动搅拌器搅打 3 分钟左右，直到混合物变得轻盈柔滑。同时，将面粉、发酵粉和盐加入一个中号碗，搅拌混合。

3. 将鸡蛋逐个打入黄油混合物中，每加一个都要充分搅打，并刮铲碗底与碗壁，使其完全混合。然后，分四次把牛奶、香草精和面粉混合物轮流加入，低速搅拌，并用刮铲刮下碗壁的面糊，最终形成均匀光滑的面糊。

4. 将面糊平整地摊在准备好的烤盘中。把做好的奶酥球撕成粗块，铺在面糊上面，形成厚实的顶层。轻轻按压，使之黏着在面糊上。放入烤箱烤1个小时，或者烤到糕体中央手感坚实即可。在烤盘里放凉后即可取出食用。如果喜欢，还可以在蛋糕表面撒少许糖粉。

✳ 黄油鸡蛋面包（brioche）
. . . .

　　黄油鸡蛋面包像是面包与蛋糕的结合体，它奶香浓郁又不腻口，质地细腻，味道清甜。黄油和鸡蛋是让这种面点与众不同的关键。在制作面团时，最好保持相对低温，把面团放在冰箱里缓慢醒发；这样做可以让成品的味道和质地更好，避免因大量黄油分层而使面团变得油腻。

　　这种面点可以做成各种形状。但是与自由形状烤制相比，用烘焙模具可以使成品更加蓬松。我喜欢把面团做成辫子型，再放入条状面包烤模（loaf pan）中烤制。

制作 3 个 9 英寸 ×5 英寸的条状面包
. . . .

原料：

4	杯面包粉
½	杯白糖
1½	汤匙活性干酵母
2	茶匙盐，另备少许盐为蛋液调味
4	个大鸡蛋，室温。另备一个大蛋黄制作蛋液
½	杯全脂牛奶，室温
½	磅（2 条）无盐黄油，软化备用
1	汤匙浓奶油（heavy cream）

1. 将立式搅拌机装上桨片，以低速将 3½ 杯面粉、糖、酵母和盐搅拌均匀。将鸡蛋和牛奶放入一个中号碗里打匀，然后倒入面粉混合物中，以低速搅拌直到面团开始成形。调到中速搅拌 3 分钟。刮下碗壁和桨片上的面糊，再搅拌 3 分钟左右，直到面团变得光滑。必要时，再刮一刮碗壁，搅拌。

2. 将黄油切成汤匙大小的块状。把一半黄油逐步加入面团中，一次加一块，以中低速搅拌。刮铲碗壁，再逐步加入剩下的一半黄油，一次加几块，以中低速搅拌。黄油全部加入之后，逐步加入剩下的 ½ 杯面粉，以中速搅拌 4 分钟。将桨片、碗壁和碗底的面糊刮下搅匀。将桨片换成揉面刀（dough hook），以中高速再搅拌 4~5 分钟，直到面团光滑、柔软、有光泽。（此时，面团应当非常湿润。）

3. 在碗里把软面团揉成球形，盖上布，醒发 1 个小时。（因为面团里有很多黄油，所以初次醒发时不会膨胀很多。）在撒满面粉的台面上，稍微揉一揉面团，然后把面团放入一个涂了薄薄一层黄油的大碗里；盖好保鲜膜，放入冰箱冷藏至少 4 小时或一整晚。这样可以减慢发酵速度，让黄油保持低温，使面团更易塑形。

4. 将面团分份放入涂油的烤模中，任何形状都可以。（你的面团足够盛满三个 9 英寸 × 5 英寸的条状面包烤模；或者，你也可以做成两个辫子型的大号条状面包；再不然，做成 16 个小面包卷也行。）松松地盖上一层保鲜膜，让它们醒发

3~4 小时，直到面团体积膨胀一倍，用指尖轻轻按压感觉有
弹性。

5. 面团醒发好之后，预热烤箱至 375 华氏度（约 191 摄氏度）。
   在剩下的蛋黄中加入奶油和少许盐搅打，把做好的蛋液轻柔
   地涂上面团表面。放入烤箱烤 15 分钟后，转动烤模，再烤
   5~25 分钟，直到面团变成深金棕色。烤制时间取决于面团
   的形状和大小。（小面包卷共需要烤 20~25 分钟，小号条状
   面包共需要 35 分钟左右，两个大号条状面包则需要 40~45
   分钟。）将烤好的面包放在网架上冷却 15 分钟再脱模。最好
   趁热食用。

❄ 酪乳司康（buttermilk scones）

· · · ·

这里要做的是我祖上苏格兰的传统司康，一种硬实多层的小点心，它与蛋糕质感的美式版本大相径庭。司康要涂抹一层厚厚的黄油和果酱食用。我喜欢在做司康的面团里加入 1 茶匙橙皮细末，以及 ½ 杯用温水泡发并充分沥干的小葡萄干。司康可以做成各式各样的口味，这里我提供的是一份基础菜谱和制作技巧，你可以在此基础上尽情发挥。我还喜欢把面团切成方形烤制，它们比切成楔形受热更均匀。

制作 8 个 3 英寸的司康

· · · ·

原料：

2⅓	杯中筋面粉，过筛备用
½	杯白糖，另备一些用于撒在表面
1½	茶匙发酵粉
½	茶匙小苏打
½	茶匙盐
¼	茶匙鲜肉豆蔻细末
8	汤匙（1 条）冷藏无盐黄油，切成小块
¾	杯酪乳
1	茶匙香草精

1. 预热烤箱至400华氏度（约204摄氏度）。将面粉、糖、发酵粉、小苏打、盐和肉豆蔻加入食品加工机的碗中，振荡搅拌原料，使之均匀混合。

2. 将黄油块加入碗中，稍微振荡搅拌，直到黄油块变成胡椒粒那么大。将碎屑状的混合物倒入一个大碗。

3. 将酪乳和香草精倒入一个量杯混合，再一次性倒入面粉混合物中，轻轻搅拌，当面团刚刚成型并柔软湿润时就停手。不要过度搅拌揉按，否则做好的司康就不酥脆了。

4. 手上沾干面粉，拿起软面团，把它摊平在撒有面粉的台面上。轻轻拍打成1½英寸厚的长方形，从一条短边向另一条短边等分折叠三次，做成一个三层面团。再拍打成1½英寸厚的长方形，再折叠三次。然后再重复一遍这组动作。

5. 最后，再一次把三层面团拍成1½英寸厚的长方形。中间纵向切成两半，再分别切十字刀，等分成8小块。将8块面团放入涂过油或铺上防油纸的烤盘，每块间隔2英寸左右。在面团表面撒上大量白糖，烤盘放入烤箱中层烤18~22分钟，直到表面金黄，中间部分按下可以回弹。

❋ 经典磅蛋糕（pound cake）

· · · ·

磅蛋糕是一项非常古老的发明，在人们使用化学发酵剂（如发酵粉、小苏打）膨发蛋糕之前，它就早已出现了。一些古老的食谱指示说，将黄油、面粉、糖、鸡蛋各一磅混合在一起，用手奋力搅打很长时间，将空气打入面团中，这样烤出的蛋糕就不会像砖一样硬。汉娜·格拉斯（Hannah Glasse）在她约 1747 年的烹饪书里写到了混合磅蛋糕原料的方法：“徒手或用一只大木勺将这些原料彻底搅打一个小时。”

即便现在有了电动搅拌器，在搅打原料上也绝不能偷懒，因为这是让空气膨发的经典磅蛋糕好吃的诀窍。只有这一步做到位，才能让磅蛋糕质地绵密、口感酥软，而不是又硬又韧。正是这种物理发酵及其形成的质地使真正的磅蛋糕有别于那种搭配咖啡的奶油蛋糕。另外，你将注意到，面糊会放入冷烤箱里烤制，这样做可以让蛋白质和淀粉缓慢、稳定地固化，然后再产生褐变反应。做磅蛋糕不放化学发酵剂，不像加了发酵粉或小苏打的面糊那样需要大量热量膨发，因此无须提前预热烤箱。

除了增加风味，黄油还有另一项重任。由于黄油的半固态特性，它能把气泡困在晶体和液态脂肪的结构中。我用高乳脂黄油（脂肪含量 82%）和超市买的普通无盐黄油都做过磅蛋糕，成品效果都很好，但用前者做出来的蛋糕口感更柔润一些。

制作 1 个 10 英寸环状蛋糕

. . . .

原料：

¾　磅（3 条）无盐黄油，软化备用

2½　杯白糖

2　茶匙香草精

6　个大鸡蛋，室温

3　杯过筛的蛋糕粉

1　茶匙盐

1　杯牛奶（最好是全脂牛奶），加热至室温

1. 给 10 英寸的环状蛋糕模涂一层黄油和面粉。将黄油、糖和香草精放入一个大碗，用电动搅拌器搅打 6 分钟左右，直至轻盈柔滑，不时用刮铲刮一刮碗壁。逐个加入鸡蛋，每加一个都要搅打均匀。

2. 将面粉和盐混合。将面粉混合物和牛奶轮流加入黄油混合物中，以面粉开始且以面粉结束，其间以低速搅打均匀。必要时刮一刮碗壁，确保做出的面糊质地光滑。用勺子将面糊盛到准备好的烤模中，在桌上轻磕烤模底部，排出面糊中的大气泡。

3. 将烤模放入凉烤箱，温度调到 350 华氏度（约 177 摄氏度），烤 30 分钟。将温度调低到 325 华氏度（约 163 摄氏度），再烤 30~40 分钟，直到表面金黄、质地紧密。让蛋糕在烤箱中冷却 10 分钟，再拿出放到网架上冷却。

❋ 牛角包（croissants）

· · · ·

旧金山塔廷（Tartine）工坊的杰出烘焙师、《塔廷面包》（2000）一书的作者查德·罗伯逊（Chad Robertson）这样写道："当一个精致的牛角包摆在你面前，你会停下来思考这是一件多么令人惊叹的小型艺术品。"他说得没错，牛角包的确是一个奇迹，这种酥脆的点心咬一口满嘴留香，它的制作需要投入更多的时间和耐心，但却不用任何特殊的技巧。做好牛角包的秘诀在于，在擀开和折叠面团时，让面团中的黄油层保持冰冷而柔韧。黄油太软，会融入面团；黄油太硬，在擀压面团时，黄油层会断裂，形成不均匀的层次，用专业人士的话说，会造成"粘层"。所以，在挑战这个菜谱之前，一定要做好计划。第一天做出面团、折叠面团、醒发面团；第二天切割、塑形、发酵和烤制。

制作 16 个牛角包

· · · ·

面团原料：

1   汤匙活性干酵母

¼   杯温水（80 华氏度左右）

       少许白糖

4   杯中筋面粉

1   杯冷藏全脂牛奶

⅓   杯白糖

2¼   茶匙盐

3   汤匙无盐黄油，熔化备用

黄油层原料：

1¼   杯（2½ 条）冷藏的高脂无盐黄油（脂肪含量
        82% 或以上）

⅓   杯中筋面粉

奶油蛋液涂层原料：

1   个大蛋黄加入 1 茶匙浓奶油搅打均匀

1. 在烤牛角包的前一天，制作面团并擀成薄饼。先将酵母、温
   水和少许糖放入一个小碗或玻璃量杯中，搅匀，放置 5 分钟
   让酵母发酵。在混合液表面会生成大量泡沫。

2. 在装有桨片的立式搅拌机的大碗里混合面粉、牛奶、⅓杯糖
   和盐，以低速搅拌，其间刮一刮碗壁，直到形成湿润的面糊。
   加入熔化的黄油和酵母混合液，以中速搅拌 5 分钟，把碗壁
   的软面刮下来。用保鲜膜覆盖碗口，在室温放置 2 小时。将
   软面团倒在撒过一层面粉的扁形烤盘上，在面团表面也撒一
   层面粉。用保鲜膜包裹好，放入冰箱冷藏至少 2 个小时。

3. 在取出面团之前约 30 分钟时，开始准备黄油层。将冷藏黄

油切成 ½ 英寸的小块，和面粉一起装入一个 1 加仑容量的自封袋，摇动自封袋使面粉包裹住黄油。袋子封好后，用擀面杖敲打黄油和面粉，直到形成质地均匀的一块。这样做的目的在于使黄油和面粉充分混合，使冷黄油变得柔韧但又不会升温太多。把袋子里的黄油混合物擀成一个 8 英寸见方的匀称的方饼，其间用擀面杖和直尺处理表面和边角，使其平滑。放入冰箱冷藏约 20 分钟。

4. 在一张 22 英寸长的防油纸或蜡纸上撒上大量面粉，将面团擀成 11 英寸见方的方饼。扫掉多余的面粉。从冰箱里取出装冷藏黄油的袋子，沿着方形黄油饼的边缘剪开。将黄油饼放在面饼中央，使黄油饼的每个尖角对准面饼每条边的中心，这样就在面饼上形成了四个三角形。将一片三角形折向黄油饼，稍微拉伸，使三角的尖端达到黄油饼中心。其他三个三角形也同样操作。按压接口，使黄油饼完全包裹在面团里。

5. 在面团表面和底部撒少量面粉。用擀面杖大力按压面团，使中间的黄油饼伸展到面团所能容纳的极限。然后擀开面团，形成一个 8 英寸 ×22 英寸的长方形，并让边缘保持直线。扫掉面团上的所有面粉，从一条短边折叠至距离面饼的⅔处，留下约 7 英寸的边。扫掉多余的面粉，再把剩余的那部分折进去，形成一个三层的面饼。用防油纸把面饼包起来，转移到烤盘上，再盖上一层保鲜膜，冷藏 30~45 分钟。（这时黄油应该很结实，但不坚硬。）

6. 再次在防油纸上擀平并折叠面饼，这次朝开口边的方向擀开
   到 22 英寸长，宽约 9½ 英寸。用和上次同样的方式折叠成
   三层，扫掉多余的面粉，保持边缘齐整。这是第二轮。包好
   面饼，再冷藏 30~45 分钟。

7. 然后进行第三轮擀平和折叠。将用防油纸包裹的面饼放在烤
   盘上，紧密地覆盖一层保鲜膜。冷藏一夜。

8. 第二天，揭开保鲜膜和防油纸，在面饼表面和底部撒少量面
   粉。用锯齿刀把面饼切成两半，将其中一半包好冷藏。同时，
   将另一半擀成薄薄的细条，大约 8 英寸 × 22 英寸。如果擀
   面的时候感到面很粘，就撒一些面粉。如果面很难擀开或者
   开始回缩，则需要把面团重新包好冷藏 15 分钟，等面团松
   弛后再擀成细条。修整边缘，使边缘保持直线，最后细条应
   有 20 英寸长。

9. 用一把锋利的刀或切比萨的滚轮刀，将这个长条面饼切成 4
   块 8 英寸 × 5 英寸的长方形，再将每个长方形沿对角线切成
   两半，总共切成 8 个相等的三角形面饼。用削皮刀，在三角
   形 5 英寸的那条边的中心切一道 ¾ 英寸长的豁口。（这样可
   以让卷成型的牛角包弯成新月型。）

10. 取一片三角形面饼，有豁口那边朝上，轻轻拉伸至 9 英寸长。
    将面饼放在工作台面上，有豁口那边朝向自己，用手指捏
    住豁口的两边，朝远离自己的方向卷起面饼，直到三角形
    的尖端被卷在下方。将卷好的面团放入铺有防油纸的烤盘，

把面团的两端对着稍稍弯折，形成新月形。剩下的 7 个三角形面饼以同样步骤操作。把它们都放在烤盘上，间隔 1½ 英寸。

11. 将冰箱中的另一块面饼取出，用同样的手法处理好，摆在另一个铺有防油纸的烤盘上。

12. 在每个面团表面薄薄刷一层奶油蛋液。将这些面团放在温暖通风处（最好保持在 75 华氏度）发酵 1½ 至 2 小时。当它们膨胀到原来的 1.5 倍大小，并且在切割面可以看到层次时，就可以烤制了。

13. 预热烤箱至 425 华氏度（约 218 摄氏度）。将两个烤盘分别放入烤箱中层和上层，烤 15 分钟，转动烤盘，并调换两个烤盘的位置。调低温度至 400 华氏度（约 204 摄氏度），继续烤制 5~10 分钟，直到面包变得焦黄、酥脆、起层。建议趁温热时食用。

❋ 油酥面团（flaky pastry dough）的两种做法
＊＊＊＊

二十多年来，我实践了读过的所有油酥面团菜谱，用到了所有的常用工具——先是用面团切刀，后来用食品加工机和立式搅拌机——成品都相当不错。而在几年前，我又无意中发现了一个"不插电"制作油酥派皮的绝妙方法。

那年夏天，我和家人朋友在海边一间出租屋度假，那里的厨房几乎什么工具都没有。一天晚上，我想做一个蜜桃派。我翻箱倒柜，总算找到一个废弃破烂的派模。没有擀面杖，我就用一个酒瓶凑合。我还搞来一个廉价的扁形擦子（带大孔的那种），用它很容易就把冷黄油擦成了碎屑，揉进面粉中。出乎我意料的是，这种土办法制作的油酥面团烤出来的派皮竟然那么润滑柔软，层次分明。从那以后，我又用擦子擦黄油的方法做了很多次油酥面团，并且给菜谱做了一些细微调整，比如使用一些糕点面粉（pastry flour），用乳脂含量更高的黄油（脂肪含量82%~84%），再加上一点点糖。与机器制作的简洁高效相比，我更喜欢用手处理食材带来的感官愉悦，因此当我做派皮时，"不插电"的方法成为我压箱底的绝招，从未让我失望。这么说吧，如果我需要制作很大一个油酥面团，我会先用食品加工机把黄油揉进面粉，然后用手做完剩下的混合工作，因为我要通过触摸判断面团的湿度是否适合。"插电"的方法也很有用。下面，我将介绍两种做法，供你选择。

制作 1 个 9 英寸深底双层酥皮派的面团

. . . .

原料：

1⅓	杯中筋面粉
1	杯糕点面粉
1	汤匙白糖
¾	茶匙盐
7	盎司（1¾ 条）冷藏的高脂无盐黄油（脂肪含量 82% 或以上）
6~8	汤匙凉水

1. "不插电"的做法：将一个中号搅拌碗和一个扁形带大孔的擦子（或盒型擦子）放入冷冻柜至少 15 分钟，直到碗和擦子彻底冷透。

2. 将两种面粉、糖和盐放入冰凉的碗里拌匀。从冰箱里拿出一条黄油，用擦子擦下一半分量，加入面粉混合物中。（磨黄油时，手要垫着包装纸，而且速度要快，这样才能保持黄油冰冷。）轻轻摇匀。再磨碎剩下的一半黄油。把粘在擦子上的所有黄油都刮下来加入面粉。轻轻摇匀。再把剩下的 ¾ 条黄油磨碎加进去。（如果选择"插电"的方法，那可以用食品加工机将面粉、糖和盐稍微震荡搅拌均匀。将黄油切成汤匙大小的小块，加入面粉混合物。再稍微震荡搅拌直到黄

油变成豌豆大小。将混合物倒入一个中号碗中，继续后面的
步骤。）

3. 再略微搅动黄油和面粉，使其拌匀。抓起一把粗粒混合物，
用双手迅速碾搓，让它顺势落回碗中。这样做的目的在于，
让黄油轻裹住面粉，同时又保持了黄油颗粒的完整。这个动
作重复六次。

4. 向混合物中分次洒水，同时用叉子轻轻搅拌，让水分布均
匀。用手非常轻柔地将混合物团成面团。（面团应该冰冷微湿，
而不是又稀又粘。）将面团分成两半，压成两个直径约 4 英
寸的扁圆形。包好两个面团，放入冰箱冷藏至少 1 个小时，
最多不超过 12 个小时。（如果冷藏超过 2 个小时，则需要让
面团在室温下缓 20 分钟至稍微软化，这样比较容易擀开。）

❋ 德式煎饼（German pancake）
. . . .

德式煎饼在黄油中烤制，顶部还要涂上更多黄油，这种金黄蓬松的甜点质地上类似酥脆饼（popover），它们都有充满蛋香的柔软内里和松脆的外皮。德式煎饼食用时，可以撒上糖粉或枫糖浆，再挤上一点柠檬汁。人们通常把它当作早餐或早午餐，但我也常常临时起意就随手做一个；我喜欢在德式煎饼凹陷的中心加入蜜饯，再配上打发奶油一起吃。

制作 1 个 9 英寸的煎饼
. . . .

原料：

5	个大鸡蛋
½	杯中筋面粉
½	杯全脂牛奶
1	茶匙香草精
½	茶匙盐
4	汤匙（½ 条）冷藏无盐黄油，另备一些软化的黄油
	纯枫糖浆
	一些柠檬块

1. 预热烤箱至 425 华氏度（约 218 摄氏度）。把一个 9 或 10 英

寸的耐热平底煎锅(最好是铸铁锅)放入烤箱加热5分钟。(这
样会让煎饼更蓬松。)

2. 将鸡蛋、面粉、牛奶、香草精和盐放入搅拌机，以低速搅拌
5秒左右，再以中速搅拌1分钟左右，直到面糊变得十分黏
稠光滑。必要时，刮一刮容器四周,确保所有原料都搅拌均匀。

3. 将热锅从烤箱中取出，加入黄油，转动煎锅，让熔化的黄
油覆盖锅底和锅壁的下半部分。将面糊均匀地倒入熔化的黄
油中，把煎锅放回烤箱，烤20分钟，或烤至煎饼膨松金黄。
将煎饼从锅中取出放入一个大盘子，涂上软化的黄油，再浇
上足够分量的枫糖浆，配上柠檬块，就可以上桌了。

❋ 甜咸奶油酥（kouign amann）
． ． ． ．

甜咸奶油酥（kouign amann，发音近似"昆 - 阿蒙"）这种黏乎乎、奶香浓郁、酥脆多层的点心源自法国布列塔尼地区。与制作牛角包一样，一开始都要做出被黄油分隔成很多层的发酵面团。而与制作牛角包不同的是，在擀平和折叠面团的最后两个阶段，需要撒上大量白糖。另外，做奶油酥要用加盐黄油——这是盛产"盐之花"的布列塔尼地区的传统。因此，烤制好的成品外脆里嫩，香甜中带有微妙的咸味。当我在布列塔尼海岸的古城圣马洛市参观时，看到每条街上都有甜咸奶油酥出售。它们大小各异，而且大多像糖衣圆面包一样，表面呈圆螺旋状。不过，这种点心还可以做成其他样子，将正方形面饼塞进圆形蛋糕模或麦芬杯中，把四角折进去，这样烤出来的奶油酥不仅美味酥脆，而且造型别致。在法国，甜咸奶油酥还会加入苹果烤制，或者做成榛子巧克力酱的口味。

做甜咸奶油酥一定要用"更干的"加盐黄油，即乳脂含量为82% 或更高的黄油。（一些烘焙师会先自己制作黄油，以确保黄油中的大部分水分已被排出。）要是用标准黄油，其中的水分会与糖在面团中的层次之间结合，使层次过于湿润而导致粘连。如果你只能买到无盐的高脂黄油，也可以使用；但为了更好地遵循布列塔尼传统，不要忘了在擀平和折叠面团时，在表面撒一层松脆的"盐之花"晶体。

制作 12 个奶油酥

. . . .

面团原料：

3	杯中筋面粉
2	汤匙（¼ 条）熔化的黄油
¾	杯温水（80 华氏度［约 27 摄氏度］左右）
2½	茶匙速发干酵母（instant dry yeast）
½	茶匙盐
1	杯白糖

黄油层原料：

1	磅（4 条）高脂加盐黄油（脂肪含量 82% 或更高），冰冷但柔韧
⅓	杯中筋面粉

蛋液涂层原料：

1	个大鸡蛋
1	汤匙浓奶油
	少许盐

1. 在装有桨片的立式搅拌机的碗里混合面粉、熔化的黄油、水、
   酵母和盐，搅拌直到原料变成湿润的面糊。将桨片换成揉面

刀，揉制 2~3 分钟，直到面团成型。将面团放入一个涂有一层黄油的大碗里，盖上保鲜膜，静置 1 小时或更长时间，直到面团膨胀到原有体积的双倍大。

2. 在面团醒发好之前约 30 分钟时，开始准备黄油层。将冷藏黄油切成 ½ 英寸的小块，和面粉一起装入一个 1 加仑容量的自封袋，摇动自封袋使面粉包裹住黄油。袋子封好后，用擀面杖敲打黄油和面粉，直到形成质地均匀的一块。这样做的目的在于充分混合黄油和面粉，使冷黄油变得柔韧但又不会升温太多。把袋子里的黄油混合物擀成一个 8 英寸见方的匀称的方饼，其间用擀面杖和直尺处理表面和边角，使其平滑。放入冰箱冷藏约 20 分钟。

3. 在一张 22 英寸长的防油纸或蜡纸上撒上大量面粉，将面团擀成 11 英寸见方的方饼。扫掉多余的面粉。从冰箱里取出装冷藏黄油的袋子，沿着方形黄油饼的边缘剪开。将黄油饼放在面饼中央，使黄油饼的每个尖角对准面饼每条边的中心，这样就在面饼上形成了四个三角形。将一片三角形折向黄油饼，稍微拉伸，使三角的尖端达到黄油饼中心。其他三个三角形也同样操作。按压接口，使黄油饼完全包裹在面团里。

4. 在面团表面和底部撒少量面粉。用擀面杖大力按压面团，使中间的黄油饼伸展到面团所能容纳的极限。然后擀开面团，形成一个 8 英寸 ×22 英寸的长方形，并让边缘保持直线。扫掉面团上的所有面粉，从一条短边折叠至距离面饼的 ⅔ 处，留下约 7 英寸的边。扫掉多余的面粉，再把剩余的那部分折进去，形成一个三层的面饼。用防油纸把面饼包起来，转移到烤盘上，再盖上一层保鲜膜，冷藏 30~45 分钟。（这时黄油应该很结实，但不坚硬。）

5. 再次在防油纸上擀平并折叠面饼，这次朝开口边的方向擀开到 22 英寸长，宽约 9½ 英寸。用和上次同样的方式折叠成三层，扫掉多余的面粉，保持边缘齐整。这是第二轮。包好面饼，再冷藏 20~30 分钟。第三次擀开面饼，并将 ½ 杯糖撒满表面，用擀面杖轻压，使糖固定。再次折叠成三层面饼，冷藏 20~30 分钟。（保存方法：如果不打算立刻烤制，可以让面饼冷藏 1~2 天再用。或者把面团紧紧包裹起来，放入冷冻柜，可以保存 3 个月。想用的时候，提前一晚放入冷藏柜解冻即可。）

6. 把糖撒在工作台面上，在糖上将面饼擀成一个 8 英寸 ×22 英寸的长方形。将剩下的 ½ 杯糖撒满面饼表面，用擀面杖轻压，使糖固定。再次折叠成三层面饼，冷藏。

7. 当你准备开始烤制的时候，将面饼放在撒过少量糖的台面上，擀成 8 英寸 ×24 英寸的长方形（此时面饼应有 ¼ 英寸厚）。在 12 个麦芬杯或环形烤模内部涂抹黄油。

8. 将 8 英寸 ×22 英寸的长方形面饼纵向切成两个 4 英寸 ×24 英寸的长条。把每个长条等分切成 6 个 4 英寸见方的正方形，这样共得到 12 个正方形。把每个正方形的四个角向中心折叠。把每个折好的正方形面团塞进麦芬杯或环形烤模，使折叠的边向上立起，就好像把面团硬塞进去，结果给挤变形了似的，但这没关系。（这时，如果你改了主意，想等等再烤制的话，可以在麦芬杯或烤模上盖好保鲜膜，冷藏一夜。第二天取出，等面团恢复室温之后，再进行下一步。）

9. 在麦芬杯或烤模上松松地盖一层保鲜膜，在室温下放置 1 小时左右，让面团微微膨胀。（它们不会像做牛角包的面团那样膨胀一倍。）在烤制前 15 分钟左右，预热烤箱至 400 华氏度（约 204 摄氏度）。同时，制作蛋液涂层：将鸡蛋、奶油和盐放入一个小碗，搅打均匀。在面团上刷蛋液，再撒上大量糖，烤制 10 分钟。把温度调低至 350 华氏度（约 177 摄氏度），继续烤制 20~25 分钟，直到面团变成深金色，边缘变成深焦糖色。

10. 稍微冷却至你可以将烤好的奶油酥从模子中取出。不要让奶油酥在模子里完全冷却，因为糖会凝固粘住模子。趁温热或放至室温食用。

白米饭配绵羊黄油和白糖，绝对是尘世美味。

——艾斯迈伊（Al-Asma'i），9 世纪，

阿拉伯阿拔斯王朝

❄ 硬酥皮（pâte brisée pastry）
. . . .

硬酥皮的面团柔滑细腻，比前面讲的油酥面团更加结实。这种经典法式酥皮是高边咸味挞和猪油火腿蛋糕（quiche）的挞皮的理想选择，用垂直边挞盘（straight-sided tart pan）烤制，脱模之后，挞皮能够自己立住。（做派皮的一般面团很软，而且多层，所以派盘的边都是倾斜的。）用我下面讲到的方法，硬酥皮面团也很适用于提前制作留待以后再装馅料的备用挞皮，使面团多出部分悬垂于可脱底的弹簧扣烤盘（springform pan）的边缘，方便在烤制过程中修整挞皮边缘。这样可以做出边缘齐整漂亮的挞皮，而且不会在烤制中收缩（这对很多业余厨师都是一场灾难）。

制作一个 9 英寸深底派皮或挞皮
. . . .

原料：

5   盎司（1¼ 条）高脂无盐黄油（脂肪含量 82%~84%），
     软化备用

1   个大鸡蛋，室温，稍微搅打

1   汤匙水

1⅔   杯中筋面粉，如果需要再加 1~2 汤匙

½   茶匙盐

1. 在食品加工机上安装搅拌刀（chopping blade），震荡搅拌黄油 1 分钟左右，直到黄油变得柔软细滑。加入鸡蛋和水，继续震荡搅拌，其间不时停下刮一刮容器壁，直到混合物均匀融合。

2. 加入盐和面粉。震荡搅拌至面粉融入即可。（还没有形成球形面团。）此时，面粉混合物应该是疏松且湿润的。将和好的面倒在一张 13 英寸长的防油纸上，揉成均匀的一块。如果面团很粘，可加入 1~2 汤匙面粉；面团应该柔软，但不粘手。

3. 将面团轻轻地揉成球形，再压平成一个直径 6 英寸的圆饼。用防油纸包好，放入冰箱冷藏 1½ 小时或一整夜。如果面团在冰箱里保存了一夜，用的时候需要先在室温下静置 30~40 分钟，再进行其他处理。

4. 制作一个 9 英寸深底派皮：在一张撒过少量面粉的防油纸上，把面团擀成直径 11 或 12 英寸的圆饼，大小取决于你用的烤模的深度。（一个直径 12 英寸的圆饼适用于一个 1½ 英寸深的烤模。）将圆面饼移入派盘，使面饼贴合盘底与盘壁，并溢出边缘 1 英寸。不要拉扯面团，否则烤制的时候派皮会收缩。将溢出边缘的部分向内折叠，按压捏紧，形成一个厚边；如果喜欢，也可以捏出褶子。在底部轻轻戳 6 个小孔，让多余的气体排出。放入冰箱冷藏至少 30 分钟，或用保鲜膜松松地包起来，冷藏 24 小时。

5. 制作一个垂直边的挞皮：把面团擀成直径 11½ 英寸的圆饼，

移入一个 8 英寸的弹簧扣烤盘，使面饼贴合盘底与盘壁。（面饼会沿着盘壁滑下来，你可以按压面饼使之固定。）不要拉扯面团，让溢出的边缘（至少 ½ 英寸）自然地垂在盘边外。用叉子在底部轻轻戳 6 个小孔。冷藏至少 45 分钟，或用保鲜膜松松地包起来，冷藏 24 小时。

6. 预热烤箱至 375 华氏度（约 191 摄氏度）。在派皮底部铺一层防油纸，放上压重物（或干豆子），放入烤箱下层烤 15 分钟。取下防油纸和压重物，放入馅料，继续烤制，时间长短取决于你的馅料是什么。如果你只想做个派皮，以后再放馅料，那么将防油纸和压重物取下后，再烤 18~20 分钟，直到派皮变成均匀的焦黄色。

7. 烤制挞皮时，将弹簧扣烤盘放在一个扁平烤盘上（用于接住边上掉下来的碎屑），在挞皮底部铺一层防油纸，放上压重物，放入烤箱下层烤 12 分钟左右，直到挞皮开始变硬、上色。将烤盘从烤箱取出，用一把大刀迅速修掉挞皮边缘溢出的部分，使边缘平整光滑。取下防油纸和压重物，放入馅料，继续烤制，时间长短取决于你的馅料是什么。如果你只想先做一个挞皮备用，那么在修整边缘、取下防油纸和压重物后，再烤 15~20 分钟，直到挞皮变成均匀的焦黄色。

✳ 沙酥皮（pâte sablée pastry）

....

我喜欢沙酥皮柔滑酥脆的口感，也很喜欢它广泛的用途。它与经典的甜酥皮非常类似，略带甜味，所以我常用它来做大大小小的水果挞的挞皮。（你也可以用它做小酥饼，菜谱见后。）sablée 在法语中的意思是"像沙子一样的"，听起来好像不太吸引人，但它其实指的是这种酥皮松脆的口感。另外，沙酥皮的制作工序要求不那么严格；因为使用的是室温下的黄油，不用像做油酥面团那样，小心翼翼地将所有东西一直保持在低温状态。（如果喜欢，可以在第四步揉面时加入 ½ 杯坚果碎、果子干，或 1 茶匙香料或柑橘类果皮碎。总之，可以加入任何东西调制成你喜欢的口味。）

制作 2 个 9 英寸挞皮

....

原料：

1¾	杯中筋面粉
½	杯糕点面粉
⅓	杯白糖
½	茶匙盐
7	盎司（1¾ 条）无盐黄油，切成小块，在室温下软化
2	个大鸡蛋黄
1	茶匙香草精

1. 将两种面粉、糖和盐放入装有搅拌刀的食品加工机，震荡搅拌几次，使原料均匀混合。

2. 加入黄油，简短震荡搅拌几次，把黄油揉进面粉中，得到一堆疏松的粗颗粒。将混合物倒入一个大碗。

3. 将蛋黄和香草精放入一个小碗，搅打均匀。将蛋液缓慢注入面粉混合物中，用叉子轻轻搅和一下。此时，蛋黄还没有完全融入面粉混合物中。

4. 手上沾一点面粉，推挤碗里的混合物，把它们混合起来；这样做的目的在于使黄油和蛋黄迅速融合，在面团中均匀分布。（听起来似乎不太优雅，但法国人就是用这种叫 fraisage 的方法制作既柔软又结实的面团的。）此时，混合物应该光滑湿润，但不黏腻。

5. 将面团揉成球形，等分成两半，压成两个直径 4~5 英寸的圆饼。分别用保鲜膜包好，冷藏 1 小时（或者冷冻留待以后使用）。

6. 烤制前半小时的时候，在一张撒过少量面粉的蜡纸或防油纸上，将一个面团擀成直径 11 英寸的圆饼。把它移入一个 9 英寸的挞盘，使面团贴合盘底和盘壁，修整掉多余的部分（不妨用来做饼干或甜点装饰物）。放入冰箱冷藏至少 20 分钟。如果你打算一次做两个挞的话，另一块面团也同样处理。

7. 预热烤箱至 350 华氏度（约 177 摄氏度）。用叉子在面团底部各处多戳几下。烤制 18~20 分钟，直到挞皮微微变棕。等挞皮放凉后，再填入馅料。

衍生点心

小酥饼（sablée cookies）

制作 4 打小酥饼

将面团等分成三份,将每块面团搓成直径约 1½ 英寸的短棒。(如果你的手很暖和，那么先用保鲜膜把面团包起来再搓比较容易。) 将搓好的面团包好放入冰箱冷藏至少 2 小时，最多 4 天。(冷冻最多可保存 1 个月。) 烤制前，将短棒状的面团从保鲜膜里拿出，用刀切成 ¼ 英寸厚的圆片。把这些圆片摆在烤盘上，间隔 1 英寸。烤制 15~18 分钟，直到表面变硬，边缘略微焦黄。在烤盘中冷却几分钟后，再移到网架上彻底放凉。

❋ 起酥皮（puff pastry）

· · · ·

起酥皮又叫"薄页酥皮"（pâte feuilletée），是一种用黄油和面粉制成的多层面团。虽然做起来颇费功夫，但它精巧的层状结构却绝对对得起你的辛苦。你可以用它做覆盖罐烘派或砂锅炖菜的酥皮，做甜挞或咸挞的挞皮，或做成果馅卷（strudel）和手抓小食的外皮，也可以将它加工成拿破仑酥或棕榈叶形甜脆饼（palmier）。你很难在店里买到优质的起酥皮，因为其中大部分都不是黄油做的，虽然也有很多层，但味道非常寡淡。

购买你能买到的质量最好的黄油，别不舍得花钱，而且黄油的脂肪含量至少要达到 82%。烤制起酥皮时，黄油中的水分会形成蒸汽，使面团膨胀并分出层次。但是水分太多的话，会产生过多的蒸汽，使酥皮变得湿乎乎软塌塌的。

制作 2 磅起酥皮

· · · ·

原料：

3½~4	杯中筋面粉
3	汤匙白糖
1	磅（4 条）高脂无盐黄油（脂肪含量 82%~86%），其中 ½ 条冷藏，其余在室温下软化
1	杯及 2 汤匙凉水

1　汤匙鲜柠檬汁

1½　茶匙盐

1. 将 3 杯面粉和糖放入一个大号搅拌碗里。将 ½ 条冷藏黄油切成小块放入面粉中，用和面器（pastry blender）或指尖将黄油拌进面粉，形成粗玉米粉那样的质地。

2. 将水、柠檬汁和盐混合均匀，倒入面粉黄油混合物中，轻轻搅拌，大致揉成型，使之不粘黏碗壁。必要时，可以加入更多水或面粉，一次加 1 汤匙，直到面团可以成型。

3. 将面团移到撒有少量面粉的台面上，揉 2~3 分钟，直到面团变得光滑、略有弹性——这说明面筋已经部分形成。将面团轻拍成 9 英寸见方的正方形，包上保鲜膜，冷藏至少 30 分钟。

4. 用电动搅拌器或用手将室温下软化的黄油和 ½ 杯面粉搅拌均匀、顺滑。将混合物夹在两张撒过少量面粉的蜡纸或防油纸之间，按压成一个 8 英寸见方的正方形。冷藏 45 分钟。

5. 在撒过少量面粉的台面上，将面饼擀成 12 英寸见方的正方形。将冰冷（但柔韧的）黄油方饼放在面饼上，使其四角正对面饼四边的中心，这样面饼上形成了四个三角形。将四个三角形向中间折叠，完全盖住黄油方饼，轻轻按捏边缘，使缝隙封闭。

6. 在台面上再撒少量面粉，将面饼翻过来，擀成 20 英寸 ×10 英寸的长方形。在擀面时，快速翻转一两次面饼，使其保持均匀的层次。确保整个过程中，台面和擀面杖都沾有面粉，以免粘黏。

7. 让长方形面饼的一条短边朝向自己，扫去多余的面粉，将面饼下方⅓的部分向上折叠，再将上方的⅓部分向下折叠盖住前者（就像折叠一封商业信函那样）。将边边角角对齐，不整齐的边角会让层次出现空洞。用擀面杖轻压边缘，使之封闭。将面团向右转90度，使刚才朝上的那条边现在朝右。用手指在面团左上角按一个凹陷，作为你完成第一次"转动"的标记。

8. 如果面团和包在里面的黄油摸上去还是凉凉的，那你可以撒上一些面粉，再以同样的方式将面团擀成长方形、折叠、转动。在面团左上角按两个凹陷，作为第二次"转动"的标记。如果面团里的黄油变得太软，并且开始渗出，那你需要将面团放在小烤盘上，盖上保鲜膜，冷藏20~30分钟，使黄油重新变硬。

9. 制作经典的起酥皮需要6次转动。完成剩下的4次转动，每次转动后，都要把面团盖上保鲜膜，冷藏20~30分钟。每次转动前，确保面团上刚刚做过标记的那个角位于左上方。这样摆放时，面团的左右两边应该是长方形面团的两条长边。每次折叠、转动后，都要在面团左上角做记号，记录转动完成的次数。

10. 完成6次转动后，将面团盖上保鲜膜，冷藏至少2小时（不过最好冷藏一整夜，让面团松弛）。面团从冰箱取出后，需要在室温下缓 15~25 分钟，等到面团变得柔韧时，再擀成略厚于⅛英寸的面饼。为达到最佳起层效果，用一把锋利的刀或切比萨的滚轮刀将面饼边缘修平整，然后再切成你想要的形状。（烤制前，用刀尖在面饼各处轻轻戳几下，这样烤出来不会膨胀太多，导致酥皮边缘下垂。）切好面饼之后，冷藏至少 20 分钟。预热烤箱至 400 华氏度（约 204 摄氏度），烤制时间取决于面饼的大小。小号酥皮需要 18~20 分钟，大一些的则需要 25~35 分钟。当底层酥皮变成深棕色，表面变成金黄色，就说明烤好了。

备用面团的保存方法

完成最后一次转动后，用保鲜膜将面团紧紧包起来，放入冰箱，最多可以冷藏 3 天。如果冷冻，则可以保存最多 2 个月。使用冷冻面团之前，需要提前放入冷藏柜完全解冻。

记得在我小的时候，每次搬家，在到达新住处之前，妈妈都会在猫爪子上抹黄油。猫到了新地方总会容易紧张，一紧张就会逃走；但是，如果在猫爪子上抹了黄油，它们就会愿意老老实实地坐在那儿，把黄油舔干净，这样就可以帮它们安定下来。所以，很可能我家的猫对新家适应得比我还要快。

——肯尼斯·扬（Kenneth Young）

❈ 手撕松饼（pull-apart biscuits）

. . . .

手撕松饼质地疏松，口味近似面包。黄油是它的完美拍档，做松饼时自然需要"加入"黄油，但刚出炉的松饼要是再"加上"黄油，味道会更上一层楼。和做司康一样（见前文），做手撕松饼也需要反复折叠面团，使之起层，但是松饼面团里没有那么多糖帮助面团软化，所以在处理面团时，要更轻柔一点。为了让松饼质地更加细腻，我喜欢将中筋面粉和蛋糕粉混合使用。

制作8个3英寸的松饼

. . . .

原料：

1	杯中筋面粉
1	杯蛋糕粉
1	汤匙白糖
1½	茶匙发酵粉
1	茶匙盐
½	茶匙小苏打
8	汤匙（1条）无盐黄油，冻至极冷，切成薄片
¾	杯冷酪乳
2~3	汤匙酪乳，用于刷涂面团

1. 预热烤箱至 425 华氏度（约 218 摄氏度）。在烤盘内铺上硅胶垫或防油纸。将面粉、蛋糕粉、糖、发酵粉、盐和小苏打放入一个大碗，混合均匀。

2. 将黄油薄片放入面粉混合物中，轻轻颠碗，使黄油均匀裹上面粉。用和面器或大叉子搅拌，直到混合物呈粗颗粒状。缓缓倒入 ¾ 杯酪乳，搅拌至混合即可。不要过度搅拌，否则会让烤出的松饼变硬。

3. 将面粉混合物倒在撒过面粉的台面上，用沾过面粉的手将其拍按成 1 英寸厚的长方形面饼。将长方形面饼像折信一样折成三折。将面团转 180 度，再次将它拍按成 1 英寸厚的长方形，再折成三折。再重复一遍这套动作。完成三次拍按、折叠之后，在撒有面粉的台面上，将面团拍按至约 ¾ 英寸厚。

4. 用直径 2 英寸的圆形松饼切割模具从面团中切出 8 块。将切好的面团放入准备好的烤盘，用拇指在每块面团中心按一个凹陷，这样可以使边缘部分膨胀更高。

5. 将 2 汤匙酪乳刷涂在面团表面。烤制 15~18 分钟，松饼呈金棕色即可。

❋ 用"不插电"的方法制作黄油甜酥饼（shortbread）

· · · ·

　　我妈妈是土生土长的格拉斯哥人，我是吃着黄油甜酥饼长大的。它曾无数次地现身于我们镇的假期糕饼义卖活动，跟那些光鲜亮丽的杯子蛋糕以及流着糖浆的巧克力点心摆在一起，黄油甜酥饼就像不起眼的小可怜儿。但是，无论是谁只要尝上一口我妈妈的手艺，马上就会对这种其貌不扬的点心刮目相看。

　　以前，我妈妈总是用糖粉做酥饼，但是我更喜欢那种沙沙的口感，所以我选择使用超细白糖（superfine sugar），而且用量更少。另外，在黄油选择上，我也比我妈妈更挑剔。只要可能的话，我都会使用乳脂更高的（欧式）发酵黄油。这样做出的酥饼黄油味和焦香味都更加浓郁。

　　为了保留这款点心简单质朴的精髓，我选择不用电动搅拌器或食品加工机，而只用一个碗和一把木勺，这是我的苏格兰老乡们祖祖辈辈所用的方法。如果黄油质量很好，在室温下柔软丝滑，那么搅拌工作其实很容易。而且，手动制作还会得到一个额外的福利，那便是阵阵飘来的甜蜜奶香。

制作 1 个 8 英寸烤盘那么大的酥饼

· · · ·

原料：

½　磅（2 条）高脂无盐黄油（脂肪含量 82% 或更高，最好选用发酵黄油），非常柔软的状态

⅓　杯超细白糖，另备一些用于撒在酥饼表面

½　茶匙盐

½　茶匙香草精（可选）

2　杯中筋面粉

1. 预热烤箱至 325 华氏度。将黄油、糖和盐放入一个大碗，喜欢的话还可以加入香草精。用木勺搅拌均匀，直到混合物像蛋黄酱一样浓稠顺滑。加入面粉，搅拌直至形成坚实的面团。

2. 将面团移入一个没有抹油的 8 或 9 英寸的挞盘或烤盘（圆形或方形均可），轻轻拍按，让面团均匀地铺在容器里。烤制 45~50 分钟，直到整个表面变成焦黄色。趁酥饼温热时，在表面撒一些糖，用木扦在表面扎几个小洞（这不是必须的一步，只是为了更贴近传统酥饼的样子），然后用刀深深划几道线，标记出你之后想要的楔形或长方形。但

是，在酥饼没有彻底凉透之前，不要从烤盘里拿出来，因为温热的酥饼很容易碎掉。脱模时，可以用刀在松饼边缘划一圈，再把烤盘倒扣在案板上，这样更方便切割。

衍生点心

翻面杏仁酥饼（upside-down almond shortbread）

在烤盘底部均匀撒一层杏仁片（约 ½ 杯），并用 ¼ 茶匙杏仁精取代香草精加入到面团中。烤好后不要在酥饼表面撒糖。其他步骤同上。酥饼完全冷却后，将烤盘倒扣，取出酥饼，使粘有杏仁片的那面朝上。

黑巧克力红糖酥饼（brown sugar shortbread with dark chocolate）

熔化 6 盎司黑巧克力，放置冷却至室温。用 ½ 杯浅色红糖取代超细白糖加入到面团中。在黄油、糖和盐混合均匀后，将熔化的巧克力倒入搅拌至完全融合，再加入面粉，剩余步骤同上。

又脆又甜

19 世纪中叶以前，糖一直属于稀有商品。对一般民众而言，黄油甜酥饼是一种奢侈的享受，只有在婚礼、圣诞、新年这些特殊的日子才能吃到。设得兰郡有一项习俗，新娘子过门时，要让她站在婆家的门槛上，然后在她头顶上敲碎一个装饰过的圆形酥饼，以祝愿她今后的生活富足美满。黄油甜酥饼传统上一般做成三种形状：分成楔形小块（"百褶裙摆"）的大圆饼，单个的小圆饼（"圆圆小布蕾"），以及切分成一根根"手指饼"的长方厚饼。

❋ 泰唐翻面苹果挞（tarte tatin）
· · · ·

19 世纪晚期，泰唐姐妹在她们家的旅馆里无意中做出了翻面苹果挞，这款以她们姓氏命名的甜点迅速受到广泛欢迎。翻面苹果挞的挞皮和焦糖馅料里都含有大量黄油，然而吃起来却不会腻口，因为偏酸多汁的苹果发挥了中和口感的作用。

挞皮原料：

1	杯中筋面粉
2	汤匙白糖
½	茶匙鲜柠檬皮碎
½	茶匙盐
8	汤匙（1 条）冷藏无盐黄油，切成 ¼ 英寸见方的小块
1	个大蛋黄
2~3	茶匙冰水

苹果馅原料：

1	杯白糖
¼	杯苹果汁或水
2	汤匙鲜柠檬汁

¼　茶匙盐

8　　汤匙（1条）无盐黄油，切成汤匙大小

6　　个史密斯奶奶苹果（Granny Smith apple）或你喜
　　　欢的果肉紧实、口味偏酸的苹果。削皮，分成四瓣，
　　　去核

1. 制作挞皮：用装有搅拌刀的食品加工机，短时间震荡搅拌面
　　粉、糖、柠檬皮碎和盐。加入黄油，震荡搅拌数次，直到混
　　合物变成粗颗粒状。

2. 加入蛋黄和2汤匙水。震荡搅拌几次，直到混合物开始融合。
　　如果混合物有点干，再加少量水，稍微震荡搅拌。

3. 将面团倒在一张撒有少量面粉的12英寸长的蜡纸上。揉一
　　揉面团，至表面光滑即可。将面团擀成直径11英寸的圆形，
　　移入烤盘，盖上保鲜膜，冷藏至少1小时，最好一整夜。

4. 准备苹果馅：将糖、苹果汁、柠檬汁和盐加入一个10英寸
　　的耐热锅（我爱用铸铁锅），搅拌均匀。开大火将混合物煮沸，
　　然后转成小火，保持微微沸腾状态，加热一会儿，不要搅拌。
　　等糖开始焦糖化，变成金黄色，偶尔轻轻转动锅，使受热均匀。

5. 再多加热几分钟，直到混合物变成深琥珀色。锅离火，逐步
　　加入黄油搅拌，每次加两块。混合物会剧烈冒泡，这没关系，
　　但一定注意别烫着。等所有黄油都加入并融合，且不再冒泡
　　的时候，开始摆放苹果块。将苹果块有弧度的一边朝下，在

焦糖里一圈一圈地摆放成同心圆的形状。记住，现在摆在锅底的造型烤完后是在甜点表面的。

6. 把锅放回火上，用中小火再加热 15 分钟。同时，预热烤箱至 375 华氏度（约 191 摄氏度）。

7. 从冰箱取出面团，放在苹果上面，小心地将面团边缘沿着锅壁塞进去。在面团表面划四道小缝，好让蒸汽跑掉。烤制 20~25 分钟，直到面团呈金棕色，并变得松脆。将做好的苹果挞冷却 20~30 分钟，用一把薄刀沿锅壁划一圈，让锅里的苹果挞松动一点。

8. 拿一个大浅盘面朝下盖在苹果挞上，小心地把盘子和锅同时翻转过来，注意可能会有糖浆流出。苹果挞会慢慢地从锅里脱出。翻面苹果挞最好加上一坨打发奶油，趁热食用。

　　不要把你的奶油浪费在那些酒鬼身上。放置若干天再来搅拌，将酪乳完全洗净，确保你做出的黄油干净纯粹，再加入适量食盐。

——汉娜·伍利（Hannah Woolley）

《淑女指南》，1675 年

✳ 黄色酪乳多层蛋糕（yellow buttermilk layer cake）
· · · ·

多年以前，我和家人从纽约市搬到哈德逊河谷的农村小镇生活。在做自由撰稿人之余，我还帮人做婚礼蛋糕补贴家用。那可是真材实料的婚礼蛋糕。用天然食材烤制而成，夹满了新鲜的本地水果，并且盖满厚厚的欧式丝滑甜奶油酱（见第 283 页）。当需要制作华丽的多层蛋糕时，我往往会首选这款菜谱。我一次又一次地做这种蛋糕，原因在于大家都喜爱它绵软湿润的质地，并且它做起来非常简单，不容易出错。我现在不用再做婚礼蛋糕了(谢天谢地！)，但这仍然是我最喜爱的多层蛋糕菜谱。我喜欢在蛋糕的层次之间加入切块的新鲜水果或浆果（蜜桃和蓝莓是很棒的选择），并用一些丝滑甜奶油酱或蛋奶冻将水果与蛋糕结合起来。你也可以选用你喜欢的任何口味的奶油。这里，我要强调一个重点：一定要用蛋糕粉代替中筋面粉，这两种面粉做出的蛋糕口感截然不同，前者会让蛋糕更加松软可口。

制作 1 个两层 9 英寸蛋糕
· · · ·

原料：

6	盎司（1½ 条）无盐黄油，软化备用
1¼	杯糖
3	个大鸡蛋，放在一碗热水（不是沸水）里保温
2	茶匙香草精或 1 茶匙杏仁精
2¼	杯蛋糕粉

1½   茶匙发酵粉

½   茶匙小苏打

½   茶匙盐

1   杯酪乳，室温

2   杯欧式丝滑甜奶油酱（见第 283 页），老式奶油
     糖霜（见第 280 页），或店售糖霜

1. 给两个 9 英寸烤盘底部抹上黄油，再垫上防油纸。在盘底和
   盘壁抹上黄油，并撒上少量面粉。

2. 预热烤箱至 350 华氏度（约 177 摄氏度）。将黄油和糖放入
   一个大碗，用电动搅拌器搅打 4~6 分钟，直到混合物变得轻
   盈柔滑。逐个加入鸡蛋，每加入一个鸡蛋都要搅拌均匀。然
   后，加入香草精搅打混合。

3. 蛋糕粉、发酵粉、小苏打和盐混合过筛，放入一个中号碗中。
   将三分之一的面粉混合物倒入黄油混合物中搅打，再倒入一
   半酪乳搅打，刮一刮碗壁。倒入剩下面粉混合物的一半搅打，
   再倒入剩下的所有酪乳搅打。再刮一刮碗壁，最后倒入剩下
   的面粉混合物，搅打成为光滑黏稠的面糊。

4. 将面糊等分，倒入两个准备好的烤盘，使面糊均匀地铺满烤
   盘。轻敲烤盘盘底，使面糊里的气泡上升到面糊表面。用刮
   铲再次将面糊表面抹光滑，除去气泡。烤制 22~25 分钟，直
   到蛋糕变得紧实金黄。让蛋糕在烤盘里冷却 10~15 分钟，然
   后倒在网架上继续冷却。等蛋糕彻底凉透后，再开始组装，
   并以你喜欢的方式加上糖霜。

3

烹饪食谱

· · · ·

※ 黄油白沙司（beurre blanc）

· · · ·

与其他酱汁相比，制作黄油白沙司会让人有一种即时的成就感，因为你只需要把黄油加入葡萄酒、醋和青葱（shallot）的混合浓缩液中搅打至乳化。这种酱汁丝滑清爽，具有略微粘勺的细腻质地。你会发现各种黄油白沙司菜谱对所需原料的要求都很一致，但是原料的配比却因人而异。比如，根据对酸度的喜好不同，人们会调整葡萄酒与醋的用量；同样，对于青葱的处理也因为个人口味而有所差异。在许多专业厨房里，浓缩液中还加入奶油使酱汁更稳定和浓稠，尽管这样做一定程度上会损害这种酱汁经典的黄油风味。

虽然原料配比可以适当调整，但制作手法却有一定之规。要确保浓缩液在中小火上加热，把冷藏黄油一点一点加入其中。不能让温度过高，这样会使酱汁分层。食品科学作家哈罗德·麦吉认为，最有损黄油白沙司风味的做法是让酱汁冷却到 90 华氏度（约 32 摄氏度）以下。当再度加热时，乳脂晶体相互融合形成的脂肪网络会分崩离析。理想的做法是使酱汁始终保持在 125 华氏度（约 52 摄氏度）。

由于这种"娇气"的属性，黄油白沙司最好佐以鱼肉、禽肉或嫩炒蔬菜食用。在基本酱汁的基础上，还可以加入一种或几种切碎的新鲜香草，或少量调制芥末，另外试试柠檬黄油白沙司也不错（见后）。

制作约 1 杯
· · · ·
原料：

½	杯干白葡萄酒
¼	杯白葡萄酒醋
2	个中等大小的青葱，切碎
½	磅（2 条）冷藏无盐黄油，切成 ½ 英寸见方的小块
	盐及现磨白胡椒

1. 将干白葡萄酒、醋和青葱碎倒入一个小炖锅里混合，用中到大火加热约 5 分钟，直到液体浓缩到大约 2 汤匙的量。

2. 调至小火，每次放入两三块黄油搅打。黄油应该慢慢软化，使液体呈现出奶油般的质地；如果黄油立刻熔化，则会导致酱汁分层。根据情况调节火的大小，偶尔也可以让锅离火以便控制黄油的融合。整个过程要一直搅打。

3. 全部黄油加入之后，用盐和白胡椒调味，然后用细孔滤网过滤。酱汁做好后可立即食用，也可把酱汁架在一锅热水（不是沸水）之上，保温一小会儿再吃。

衍生酱汁

柠檬黄油白沙司

用 ¾ 杯柠檬汁替代上述菜谱中的干白葡萄酒和醋。在浓缩汁中加入 ½~1 茶匙柠檬皮碎，具体分量就看你喜欢多重的柠檬味了。

❄ 荷兰酸酱
· · · ·

由于热量很容易使蛋液结块、黄油分层，因此以这两种食材为主料的荷兰酸酱难倒了一大批业余厨师。但是，如果能够把温度控制在即将沸腾的状态，并且不间断地搅打，这种酱汁也不是那么难做。在美国烹饪学院，老师教给学生一种直观的小窍门，当炖锅里的热水产生很多小气泡时，就像含汽矿泉水里的那样，就说明温度恰到好处了。

一些菜谱提倡使用清黄油做这种酱汁，但我偏爱使用熔化的标准黄油，这样可以做出味道更为醇厚的荷兰酸酱。

制作 1½ 杯
· · · ·

原料：

3	个大蛋黄
1	汤匙水
½	磅（2 条）无盐黄油，熔化并稍微冷却
1~2	汤匙鲜柠檬汁
	少许红辣椒粉
	少量伍斯特沙司
	盐及白胡椒粉

1. 将蛋黄和水放入一个大金属碗中，简单搅打成微微起泡的稀

薄液体。取一个炖锅烧水至将要沸腾的状态，把碗架在锅上，并确保碗底不与水面接触。旋转金属碗的同时用力搅打蛋液（你需要垫一块隔热布，以免烫伤）。3~4分钟后，蛋液开始变得黏厚，并产生大量泡沫，当搅打器可以在蛋液表面留下痕迹时就说明蛋液已经熟了。炖锅离火，金属碗依然架在锅上。

2. 一边搅打一边缓缓倒入几茶匙熔化的黄油。这是使酱汁乳化的关键一步，不要一下子倒入过多黄油。当黄油与蛋液充分融合后，再缓慢注入剩下的黄油，持续搅打，直到酱汁变得黏稠丝滑。

3. 加入1汤匙柠檬汁、红辣椒粉、伍斯特沙司、盐和白胡椒粉调味，搅拌均匀。酱汁做好后应立即食用，如不能立即食用，则应在上桌前把酱汁一直保持在温水锅上方的碗里，并且不要忘了偶尔搅打一下。

✻ 贝亚恩沙司（béarnaise）

. . . .

我认为这种深受喜爱的传统酱汁是荷兰酸酱与黄油白沙司的合体，它具有前者的蛋黄乳化液和后者的酒－醋－青葱浓缩液。而赋予贝亚恩沙司独特风味的关键是用到了新鲜龙蒿（tarragon）。这种带有茴香味道的香草通常与牛排和海鲜搭配食用，不过与鸡蛋、土豆和嫩炒蔬菜一起吃也十分美味。包裹在贝亚恩沙司这种浓厚的酱汁中，龙蒿的强烈气味柔和了几分，但依然令人入口难忘。

浓缩液原料：

2 个中等大小的青葱，切碎

¼ 杯干白葡萄酒

¼ 杯白葡萄酒醋

5 粒黑胡椒，碾碎

3 汤匙切碎的新鲜龙蒿叶

盐

酱汁原料：

3 个大蛋黄

1 汤匙水

10 盎司（2½ 条）无盐黄油，熔化并稍微冷却

盐及现磨黑胡椒

1. 制作浓缩液：将青葱、白葡萄酒、醋、黑胡椒以及一半龙蒿碎放入一个厚底炖锅混合，用中到大火加热至沸腾，直到剩下 2 汤匙的液体，然后过滤，去除残渣。

2. 制作酱汁：将蛋黄和水放入一个大金属碗中，简单搅打成微微起泡的稀薄液体。取一个炖锅烧水至将要沸腾的状态，把碗架在锅上，并确保碗底不与水面接触。旋转金属碗的同时大力搅打蛋液（你需要垫一块隔热布，以免烫伤）。3~4 分钟后，蛋液开始变得黏厚，并产生大量泡沫，当搅打器可以在蛋液表面留下痕迹时就说明蛋液已经熟了。炖锅离火，金属碗依然架在锅上。

3. 一边搅打一边缓缓倒入几茶匙熔化的黄油。这是使酱汁乳化的关键一步，不要一下子倒入过多黄油。当黄油与蛋液充分融合后，再缓慢注入剩下的黄油，持续搅打，直到酱汁变得黏稠丝滑。将酱汁和剩下的一半龙蒿碎倒入做好的浓缩液中搅打，尝尝味道。用盐和胡椒调味。酱汁做好后应立即食用，如不能立即食用，则应在上桌前把酱汁一直保持在温水锅上方的碗里，并且不要忘了偶尔搅打一下。

❋ 贝夏美酱
· · · ·

　　法式基础酱汁家族中的另一位重要成员贝夏美酱最为简单易做，因为其中的面粉使酱汁质地非常稳定。唯一值得注意的是，做这种酱汁时需要保持中火，并且要频繁搅拌以免煳底。

　　制作贝夏美酱不需要大量黄油。我把它加入这一部分，是因为它是制作传统黄油面酱（roux，发音近似"入"）必不可少的要素。而黄油面酱又是制作贝夏美酱这种白酱的基础。黄油面酱是一种用等量黄油和面粉制作的混合面糊，可以给加入液体（通常是牛奶、奶油、高汤或几种的混合物）的各种酱汁增稠。黄油面酱可制成不具焦香味的金色，也可为追求更明显的焦香味而制成不同程度的棕色。黄油面酱和液体的比例决定了酱汁的稠度。用下面的菜谱可以做出中等稠度的酱汁，适用于奶汁焗菜、奶酪通心粉和舒芙蕾。在贝夏美酱中加入不同原料可以衍生出各种酱汁，包括：莫内沙司（加入奶酪）、苏比斯沙司（加入洋葱）、南蒂阿沙司（加入贝类和奶油）、芥末沙司（加入调味芥末，如第戎芥末酱）、奶油沙司（加入浓奶油）。

　　关于制作贝夏美酱的牛奶是否需要提前加热以避免面粉结块，烹饪界长期以来存在争议。遵循传统的人说必须要加热，但很多事实表明，用直接从冰箱取出的牛奶也能做成功。决定贝夏美酱成败的更关键的因素应该是黄油面酱应当混合均匀，让所有面粉颗粒都包裹在乳脂中，避免聚集结块。我还发现在起始阶段，少量逐步地加入牛奶（任何温度都可以）很重要。一开始只倒入一点点，同时大力搅打。从冰箱拿出牛奶后，我一般会把它在室温下放一会儿，或者用微波炉快速转一下，这样与用凉牛奶相比可以让酱汁更快地升温和变稠。

制作约 2 杯

· · · ·

原料：

4	汤匙（½ 条）无盐黄油	
⅓	杯中筋面粉	
2½	杯全脂牛奶，室温	
1	枚丁香	
¼	个黄皮洋葱	
1	片月桂叶	
	盐及白胡椒	
	少许现磨肉豆蔻（可选）	

1. 将黄油放入一个厚底炖锅，用中火加热至完全熔化，但是不要变成棕色。把面粉一点点倒入熔化的黄油中，边倒边用木勺搅拌，直到完全融合，这时你会得到一种有颗粒的金色糊状物——黄油面酱。加热黄油面酱，持续搅拌 2 分钟，注意不要烧焦。

2. 在黄油面酱中缓缓加入几汤匙牛奶，用搅打器大力搅打，防止面粉结块。逐步加入剩下的牛奶，每次加一点点，持续搅打。

3. 将丁香的尖端穿入洋葱使之固定，与月桂叶一同加入酱汁。调成小火，煨煮酱汁 20 分钟左右，直到酱汁变得丝滑细腻。期间要用橡胶刮铲一直搅拌，尤其要注意锅底和锅边，不要粘锅。（一个检验做好与否的小窍门是挑起少许酱汁用两根手指捻一下，看看是否有颗粒感。）如果酱汁过于浓稠，则加入一点牛奶继续搅打。

4. 捞出洋葱和月桂叶丢掉。喜欢的话，也可以用细孔滤网过滤酱汁，使之更加细滑。用盐和白胡椒调味，根据喜好还可以加入肉豆蔻。

5. 如果不马上食用，需要把酱汁倒入一个容器，并在酱汁表面盖一层保鲜膜，以防止酱汁冷却时表面形成油脂皮。贝夏美酱可以在冰箱中保存 5 天左右。

衍生酱汁

莫内沙司

当酱汁离火，捞出洋葱和月桂叶之后，加入 ¼ 杯擦成丝的格吕耶尔干酪（Gruyère cheese）和帕尔马 - 勒佐干酪（Parmigiano-Reggiano cheese）。然后根据喜好，加入盐、胡椒、肉豆蔻和少许红辣椒粉调味。莫内沙司通常浇在蔬菜、鸡肉和意面上食用。这个配方可以做出约 2½ 杯酱汁。

用于奶汁焗菜和炖菜的奶酪沙司

当酱汁离火，捞出洋葱和月桂叶之后，加入 ½ 杯擦成丝的切达干酪、蒙特雷干酪（Monterey Jack）和格吕耶尔干酪，以及 2 汤匙柠檬汁和 ¼ 茶匙红辣椒粉。最后加入盐和白胡椒调味。这个方子可以做出约 3 杯酱汁。

✳ 高汤酱
. . . .

同为法式基础酱汁家族中的一员，口感轻盈的高汤酱就像贝夏美酱的苗条小姐妹。高汤酱通常不单独作为酱汁食用，而是作为基底调制其他衍生酱汁。制作高汤酱时，像贝夏美酱一样，最开始也要先做出金色的黄油面酱，然后并不是加入牛奶搅打，而是根据最后的成品，加入鸡肉高汤、牛肉高汤、蔬菜高汤或鱼肉高汤。在美国人看来，这就像制作一种清爽的肉汁，然后根据需要浇在煎鸡排、鱼排或嫩炒蔬菜的周围。因为高汤本身通常已经加入洋葱和香料调味，所以制作高汤酱时不用像做贝夏美酱那样，再加入洋葱和丁香了。高汤酱一般会以用到的高汤种类命名，如：鸡肉高汤酱、鱼肉高汤酱。

制作约 2 杯
. . . .

原料：

　4　汤匙（½ 条）无盐黄油

　⅓　杯中筋面粉

　3　杯优质鸡肉高汤、牛肉高汤、蔬菜高汤或鱼肉高汤，
　　　加热备用

1.将黄油放入一个厚底炖锅，用中火加热至完全熔化，但是不

要变成棕色。把面粉一点点倒入熔化的黄油中，边倒边用木勺搅拌，直到完全融合，这时你会得到一种有颗粒的金色糊状物——黄油面酱。加热黄油面酱，持续搅拌 2 分钟，注意不要烧焦。

2. 将 ½ 杯温热的高汤缓缓倒入锅中，用搅打器大力搅打，防止面粉结块。（这时混合物会变得非常黏糊，但这没关系。）逐步加入剩下的高汤，每次加入一点点，持续搅打。

3. 小火煨煮酱汁 25~30 分钟，直到它可以均匀地包裹住勺背，期间要不断搅拌。如果希望酱汁质地更加细腻，就用细孔滤网过滤一遍。不要用盐或胡椒调味，因为这是制作其他酱汁的基底，等全部做好之后再进行调味。

衍生酱汁

蘑菇沙司

在沸腾状态的高汤酱中加入 8 盎司白蘑菇或洋菇。搅成糊状，并过滤。加入 ¼ 杯浓奶油搅拌。然后用盐及胡椒调味。这种蘑菇风味的酱汁可以搭配肉类或土豆泥一起食用。这个方子可以做约 2¾ 杯酱汁。

鸡汁沙司

将 2½ 杯鸡肉高汤酱加热浓缩至三分之一的量，加入⅓~½ 杯奶油（根据你喜欢的稠度）搅拌，加入盐及胡椒调味。这种味道醇厚的酱汁可以搭配嫩煎鸡肉或嫩炒蔬菜（如西兰花或芦笋）一起食用。

贝西沙司

　　将 ½ 杯白葡萄酒和 ¼ 杯青葱细碎混合煮沸，浓缩至 3 汤匙的量。加入 2½ 杯鱼肉高汤酱汁，小火煨煮 15 分钟左右，使其稍微浓缩。锅离火，在酱汁表面均匀撒 2 汤匙黄油。用欧芹碎、柠檬汁、盐及胡椒调味。与虾、扇贝或清淡的鱼肉搭配食用，味道上佳。

❋ 黄油面团（beurre manié）

. . . .

除非你是专业大厨或者是个非常勤奋好学的业余厨师，你很可能没听说过黄油面团这个东西。它在法语中的意思是"揉搓的黄油"。这种历史悠久、工艺简单的烹饪发明是后厨必备之物，是让浓汤、炖菜、肉汁、酱汁迅速增稠的利器。制作黄油面团只需要把等量的黄油和面粉揉搓混合成团，再分成橡子大小的小块，放入冰箱保存。当一道菜肴需要增稠时，就把一小块或几小块黄油面团直接放入沸腾的混合物中搅打。黄油熔化时，会帮助面粉颗粒均匀地扩散，避免结块。（用黄油面酱增稠也是同样道理，但是提前制作黄油面酱时需要加入液体混合，黄油面团则不用。）面粉中的淀粉很快膨胀，让液体变得浓稠。黄油也丰富了菜肴的口感，并为之增添一抹美妙的光泽。

原料：

　　软化的无盐黄油

　　中筋面粉

1. 将等量黄油和面粉（用汤匙计量）放入碗中混合，用手指或木勺将其揉成一个光滑结实的面团。把面团分成橡子大小的小块，并把每个小块搓成球形。把这些小球装入保鲜袋，放入冰箱冷藏，最长可以保存一周。如果放入冷冻柜，则可以保存长达两个月。

2. 黄油面团的使用：将一小块或几小块黄油面团（冷冻保存的需要解冻）放入沸腾的菜肴中搅打 2~3 分钟。汤汁会迅速变稠。没有确切的配方告诉你多少液体需要多少黄油面团增稠。使用黄油面团的分量取决于汤汁最初的稠度以及个人的口味偏好。做的次数越多，你就越清楚正确的用量。一般来说，用量保守一点比较好，因为放太多黄油面团会导致菜肴尝起来有一股面粉味。

3. 一旦调整到合适的稠度，菜肴应立即食用。如不能马上食用，则应该离火放置。延长沸腾时间会加重淀粉的味道。所以，最理想的还是做好即上桌。

❋ 黄油液

· · · ·

这是高级餐馆后厨的秘密武器。黄油液就是熔化的黄油，但它的奇妙之处在于它不会像一般黄油熔化后分层成为脂肪、水和固体。制作黄油液的诀窍是，先用小火加热锅中的少量水，然后逐步加入黄油搅打，这样就可以将条状黄油中油包水的乳化液转化为水包油的乳化液。用少量水和黄油做好这样的乳化液后，你就可以根据需要的黄油液分量再继续加入黄油。因为黄油中的水分会渗透进最初的乳化液中，所以你不必另加水了。

黄油液味道浓厚、质地稳定，因而适用于各式各样菜品的烹饪。它可以丰富酱汁口感，可以用来煮鱼和蔬菜，也可以帮助做熟的肉类保持温度和水分。还可将黄油液涂抹在肉类表面，这样烤制时就可完美地锁住肉汁，并使烤肉呈现出明亮的棕色。

原料：

2　汤匙水

2　汤匙或更多冷藏无盐黄油,切成小块（每块 1 汤匙）

1. 将水倒入一个小号平底锅，用中火加热至沸腾。调至小火，逐步加入 2 汤匙黄油，搅打直到完全融合。

2. 根据你想要的分量，逐步加入更多黄油（一次 1 汤匙），不断搅打使混合液充分乳化。将温度保持在 180~190 华氏度

（约 82~88 摄氏度），以避免乳化液分层。如果不能马上食用，则应把盛黄油液的平底锅架在一只装水的炖锅上，以小火一直煨烧炖锅，使锅中的水接近煮沸。用剩的黄油液密封放入冰箱，可保存一周左右时间。之后你可以用它做清黄油，因为再次加热时它会分层。（或者，你也可以用面包蘸着加热过的黄油液直接吃，味道很棒！）

司考奇（butterscotch）的复兴
· · · ·

在焦糖成为糖果师和烘焙师的宠儿之前，司考奇制品的地位曾经举足轻重，不仅是作为经典的司考奇硬糖出现，同时也是一种添加到司考奇布丁、蛋奶冻派、冰淇淋和酱汁里的配料。司考奇是把糖和黄油共同加热到 250 华氏度（约 121 摄氏度）后的产物，它的颜色没有焦糖和太妃糖那么深。焦糖和太妃糖的独特风味来自于焦化的白糖，而司考奇还拥有一种浓郁的蜂蜜奶香（不是那些小零食里人工合成的甜味，唉，现在一说到司考奇，人们就会联想到那种甜掉牙的味道）。我们早就应该恢复司考奇在甜品界的地位了，现在我用两种经典的司考奇菜谱来开启它的复兴之路。

✳ 司考奇糖
· · · ·

制作 1½ 磅
· · · ·

原料：

1	磅（4 条）无盐黄油
2	杯白糖
⅓	杯蜂蜜
3	汤匙糖蜜（不是赤糖糊）
1½	茶匙细海盐

1. 把一块铝箔铺在一个 8 或 9 英寸的方形烤盘底部，并包裹住烤盘的两条对边，不要担心没有包裹住的那两边。在铝箔上和烤盘边上刷一层黄油，然后放置一旁。

2. 将黄油放入一个中号炖锅，用中小火加热至黄油熔化。加入白糖、蜂蜜、糖蜜和海盐，持续大力搅打使原料充分混合。当白糖熔化，混合物化为液体，调成中大火煮沸，偶尔搅拌一下。将糖液烧至 250 华氏度（约 121 摄氏度），然后倒入准备好的烤盘中。（这样做出的糖比较柔软。如果喜欢硬一点的，那就把糖液加热到约 270 华氏度（约 132 摄氏度）。如果加热到 300 华氏度（约 149 摄氏度）以上，做出的就是太妃糖了。）

3. 将糖液晾至微温，用刀在表面画线，便于后面切分。将一只薄刮刀插进未包裹铝箔的烤盘边缘与凝固的糖液之间，划动一下。用保鲜膜松松地盖住烤盘，把烤盘放进冰箱，使司考奇糖液完全定型。

4. 把成型的司考奇糖倒在刷过薄油的切菜板上，撕掉铝箔，切成你想要的大小和形状。用防油纸把糖块分别包好装入密封的容器，放入冰箱冷藏。密封良好的司考奇糖最多能保存两个月。

❋ 司考奇布丁

· · · ·

制作 6 份，每份约 ½ 杯

· · · ·

原料：

1¾	杯全脂牛奶
1	杯浓奶油
¼	杯玉米淀粉
3	个大蛋黄
½	茶匙盐
6	汤匙（¾ 条）无盐黄油
1	杯深色红糖（deep brown sugar）
2	茶匙香草精

1. 将牛奶、奶油、玉米淀粉、蛋黄和盐倒入一个罐子，搅打混合。放置备用。

2. 将黄油放入一个中号炖锅，用中火熔化，加入糖，转成小火。不断搅拌，煮 2 分钟左右。

3. 匀速向锅中逐步倒入牛奶混合液，边倒边搅打。转成中火，持续搅拌直到液体开始变稠冒泡。再多煮 1 分钟，然后锅离火。加入香草精搅拌均匀，把液体倒入几个玻璃杯或布丁杯中。晾至温热，然后用保鲜膜盖住杯口（不要让保鲜膜接触到液体表面），放入冰箱冷藏 1~2 小时直到定型。

❋ 老式奶油糖霜（old-fashioned buttercream frosting）
····

又名"白鼬糖霜"。这种轻盈丝滑的糖霜以简单的牛奶面糊为主要成分，具有良好的稳定性和延展性。大多数传统奶油糖霜菜谱采取的步骤是，先把黄油和糖放在一起搅打，然后逐步加入冷却的牛奶面糊。但是，这样做有时会留下未熔化的糖粒，影响口感。所以，我选择将糖、牛奶和面粉混合起来煮沸。我还喜欢加入少量柠檬汁，这有助于平衡甜度，但又不会让成品的柠檬味太冲。

制作 3 杯
····

原料：

1　　杯白糖

5　　汤匙中筋面粉

¼　　茶匙盐

1　　杯全脂牛奶

½　　磅（2 条）软化的无盐黄油

2　　茶匙鲜柠檬汁（可选）

1. 将糖、面粉和盐放入一个小号炖锅，搅拌均匀，倒入牛奶搅打融合。用中火将混合液煮到沸腾，持续搅拌。当混合液开始冒泡变稠，再煮 3~5 分钟直到混合液成为糊状。

2. 将牛奶面糊倒入一个浅底大碗（这样冷却得更快），并在面糊表面覆盖一层保鲜膜或防油纸，以免产生油脂皮。彻底冷却。

3. 将黄油放入一个大碗，用电动搅拌器搅打 3 分钟左右，直到颜色变浅、蓬松轻盈。逐步加入冷却的牛奶面糊，每次加满满 1 汤匙，每次加入都要搅拌均匀。全部面糊加完之后，再搅打 1~2 分钟，直到甜奶油酱变得平滑、蓬松、奶香四溢。喜欢的话，可再加入柠檬汁搅打。做完后应立即食用，如果不能立即食用，在凉爽的室温下最多保存一天。甜奶油酱可以放入冰箱冷藏，但食用前必须将其恢复到室温，并重新搅打。

衍生口味

咖啡味

在第一步中，将 2~3 茶匙速溶意式浓缩咖啡粉加入牛奶混合液中搅拌均匀。接下来的做法不变，省略柠檬汁。

巧克力味

熔化 6 盎司半甜巧克力（bittersweet chocolate），冷却至微温。将巧克力加入到冷却的牛奶面糊中搅打均匀。接下来的做法不变，省略柠檬汁。

香橙味

用 1 杯鲜橙汁代替牛奶。接下来的做法不变，最后再加入 1 茶匙擦成丝的橙子皮。喜欢的话，还可以加几滴食物色素为成品增添少许橙色。

✳ 欧式丝滑甜奶油酱（silky European buttercream）

• • • •

如前所述，用甜面糊和黄油就可以做出简易版的甜奶油酱，下面要介绍的是一种略微复杂的版本，这种方法可以做出无比丝滑可口的甜奶油酱。这个菜谱基于欧式传统工艺，将做好的热糖浆倒入打发的蛋白或蛋黄中搅打，待混合物冷却后再逐步融入软化的黄油，这样就得到了一种美妙的稳定乳化物，即甜奶油酱。这种柔滑又兼具扎实口感的甜奶油酱用途广泛，而且能够根据喜好调制成不同口味。是的，制作这种甜奶油酱需要付出一点努力，但一切辛苦都是值得的，特别是如果你家像我家一样把蛋糕当作日常生活中的特别享受。如果你没有可以测量糖浆温度的温度计，那在尝试这个菜谱前需要去买一支，因为把糖浆加热到合适的温度是成败的关键。

制作 4½ 杯

• • • •

原料：

1　磅（4条）高脂无盐黄油（脂肪含量 82% 或更多）

1　杯白糖

¼　杯水

6　个蛋白，加热至室温

¾　　茶匙酒石（cream of tartar）

1　　茶匙香草精

¼　　茶匙盐

2~3　汤匙白兰地、过滤的果汁（如橙汁、芒果汁等）
　　　或水

1. 将黄油切块（每块 1 汤匙），放置一边软化。同时，将 ¾ 杯糖和水倒入一个厚底小锅，中火加热，持续搅拌。待糖熔化、液体开始冒泡时，转成微火继续熬煮，这时开始加工蛋白。

2. 将蛋白放入装有搅打器的立式搅拌机的大碗里，搅打至泡沫浓密。再加入酒石，继续搅打，直到蛋白表面可以形成柔软的尖角（湿性发泡阶段）。逐步加入剩下的 ¼ 杯糖，搅打到搅拌器拿出时蛋白可以形成坚挺的尖角（干性发泡阶段）。将碗从立式搅拌机上取下，放在加热的糖浆附近。准备好一个手持搅拌器。

3. 将煮糖浆的火调大，不要搅拌。当温度计测量糖浆达到 248 华氏度（120 摄氏度，可以制作硬糖的状态），立即将糖浆缓缓注入打发的蛋白中，边倒边搅打。注意不要把糖浆倒在搅拌器上，溅得到处都是。高速搅打 10 秒左右，然后停止搅打，用一个橡胶刮铲把粘在锅上的所有糖浆都刮下来放入搅拌碗里，一点都别浪费。再加入香草精和盐，充分搅打 10~15 秒。

4. 将碗放回立式搅拌机上，低速搅打至混合物彻底冷却。这一过程可能需要 20~40 分钟，取决于室温高低。（你可以每隔 10 分钟关掉搅拌机，让它歇几分钟。）

5. 这时，黄油应该已经变软，但依然稳固。将黄油逐步放入冷却至室温的蛋白混合物中，一次加 1 汤匙，持续搅打。一开始，混合物会变得稀薄结块，但是随着更多黄油的加入，混合物会变得绵密丝滑，富有光泽。降低搅拌速度，注入白兰地，搅拌至充分混合。

6. 做好的甜奶油酱应立即食用。如不能立即食用，应盖上保鲜膜放置，室温下最多可放 7 个小时。如需更长时间，则应放入冰箱冷藏。再次使用时，要把甜奶油酱恢复到室温，并重新搅打。

衍生口味

巧克力味

熔化 6 盎司半甜巧克力，放置备用，间或搅拌一下，至冷却但仍保持液态。将巧克力液倒入做好的甜奶油酱中，搅打至充分混合。

柠檬味

用 3 汤匙鲜柠檬汁和 ¼ 茶匙柠檬油精华代替白兰地即可。

❈ 柠檬酪（lemon curd）
....

如果不加入黄油的话，这种类似布丁的甜品会酸得你龇牙咧嘴。黄油的香味和质感能够缓冲柠檬的强烈刺激，帮助成品更好地定型。柠檬酪果香四溢、入口即化，柠檬与黄油的完美结合胜过这两种食材单独给人带来的愉悦。用下面这个菜谱做出的柠檬酪可以用于填充挞皮、制作布丁，或装瓶作为果酱食用。

制作约 2 杯
....

原料：

3	个大鸡蛋
4	个大蛋黄
1	杯白糖
2	汤匙擦成细丝的新鲜柠檬皮
⅔	杯鲜柠檬汁
2½	茶匙玉米淀粉
¼	茶匙盐
8	汤匙（1 条）无盐黄油，室温

1. 将鸡蛋、蛋黄、糖、柠檬皮、柠檬汁、玉米淀粉和盐放入一个中号汤锅，搅打均匀。中火加热，不停搅拌直到混合液变

稠并轻微冒泡。继续加热 2 分钟左右，然后锅离火。

2. 马上将软化的黄油逐步加入混合液，一次加 2 汤匙，边加边搅打，直到充分混合。将液体用细孔滤网过滤后倒入容器，或是一个提前烤好的 8 英寸挞皮，或四个布丁杯，或一只罐子，看你做什么了。在室温下冷却约 4 小时。随着温度降低，柠檬酪会更加浓稠。然后上桌，或盖好保鲜膜放入冰箱保存。

更美味的黄油爆米花

我所住小镇的电影院只有一个银幕，但幸运的是，那里出售的爆米花搭配的是真正的黄油酱。这在大型电影院很不常见，一般在那里你买爆米花要求提供黄油酱时，只能得到一种人工合成的混合物，其中包括未完全氢化的豆油、胡萝卜素等黄色食用色素、制造"黄油味"的合成丁二酮，以及防腐剂叔丁基对苯二酚和添加剂聚二甲基硅氧烷之类的化学物质。一些假黄油酱还添加了谷氨酸单钠以提升风味。显而易见，如果你想吃到更加健康的爆米花，那么用熔化的黄油做真正的黄油酱是最简单的办法。不过，黄油的缺点是其中含有 20% 的水分，这会让爆米花变软。一个更好的选择是把黄油熔化做成印度酥油（见第 196 页）。做印度酥油时，黄油中的水分被蒸干，只剩下黄油油脂和一些可口的棕色残渣。别扔掉这些残渣，那里头保留着最棒的黄油味。把残渣加入温热的黄油油脂中搅打均匀，喜欢的话可以再加入少许盐调味，然后把做好的黄油酱倒在热腾腾的爆米花上就可以开吃了。

❋ 酥油茶（po cha）

· · · ·

在印度、尼泊尔、不丹和中国西藏的喜马拉雅山脉地区，酥油茶对当地人来说就像浓缩咖啡对于南欧人一样重要。长久以来，喝茶的习惯已经融入骨血，每天早晨当地人都要喝盛在碗里的酥油茶，每当客人上门，也会敬上酥油茶。放牧牦牛的山区牧民一天到晚茶不离口。按照传统做法，先用一种产自四川的特别砖茶煮好茶水，再加入盐和黄油（黄油通常是牦牛奶做成的，一般已经酸败变味），酥油茶的味道浓烈，大多数游客捏着鼻子才能喝下去。不过，我在不丹喝酥油茶的经历倒是非常愉快。事先我已读过很多旅游博客的介绍，但当我真正喝到酥油茶时，它却并没有像想象中那样让我的味蕾遭受摧残。我觉得酥油茶口感温和、浓淡适中；茶里看不到浮油，但液体是不透明的，而且还带点紫色。（至少还有一位西方人——戴夫·阿斯普雷［Dave Asprey］——也对酥油茶印象不错。在去西藏徒步旅行之后，他受到启发，于2009年发明了一款风靡世界的能量饮料"防弹咖啡"，这种饮料是将咖啡、草饲黄油和中链三酰甘油混合制成的。）

酥油茶（藏语叫作 po cha，不丹语叫作 su ja）的传统做法是，先煮几小时茶水，然后将黑乎乎的浓茶过滤后倒入圆柱形的搅拌壶，并加入新鲜牦牛黄油和盐加以混合。在不丹山区的小木屋，我第一次喝酥油茶的地方，那里的制作方法更加简单。一锅浓茶一直放在火上保温，当主人招待我时，他就把茶水盛到碗里，加入一点酥油和盐，然后用手前后揉搓一只小搅打器的手柄来搅拌茶水，直到液体表面浮起一层泡沫。

今天，搅拌壶大多已经被电动搅拌器取代。茶包和奶牛黄油也成为砖茶和牦牛黄油的时髦替代品。愿意的话，还可以在茶里加一点奶粉。做酥油茶时，茶水的浓度取决于你的喜好。

制作 4 杯

· · · ·

原料：

1	夸脱（4 杯）水	
2	个茶包（红茶）	
¼	茶匙盐	
1	茶匙奶粉（可选）	
2	汤匙无盐黄油	

1. 将水倒入一个 2 夸脱容量的锅里煮沸。锅离火，放入茶包，至少泡 3 分钟。如果你喜欢浓茶，就多泡一会儿。

2. 拿出茶包，加入盐。喜欢的话，也可加入奶粉。将茶水倒入搅拌机，加入黄油搅拌约 2 分钟，直到充分混合并产生大量泡沫。做好后立即饮用。

附录A

· · · · · · · · · · · · · ·

一些值得推荐的黄油

    这个列表绝对不是最终的或完整的。虽然我吃过一百多种国内外的黄油，但还有很多地区性的黄油我无缘品尝。遗漏并不意味着否定。这里还要做一个免责声明，因为即使最好的黄油如果储藏不好或过了保质期，质量都会打折扣；每个推荐都假设你找到的黄油处于新鲜无损的状态。还要指出的是，许多小批量和手工黄油根据季节有所变化，一般来说，春夏两季因为牲畜可以吃到新鲜饲草，所以黄油更加金黄、稠滑和美味。我都是在这些黄油的最佳时间品尝它们的。工业黄油的季节性差异即便有也要少得多，原因是牲畜进食和黄油组成都是高度标准化的。许多大品牌还向黄油添加"天然"风味（丁二酮），这使得黄油市场的竞争有些不太公平。最后说一句，像大多数食品推荐一样，这个列表也是完全主观的；你会发现所列的黄油或许不太对或者很对你的口味。

批量搅拌的和手工甜黄油（80% 乳脂含量）

. . . .

黄油中文名称	黄油英文名称	产地
阿伯内西黄油	Abernethy Butter	爱尔兰
三叶草有机农场无盐黄油	Clover Organic Farms Unsalted Butter	加利福尼亚州
常春藤之家乳品农场泽西奶油黄油	Ivy House Dairy Farm Jersey Cream Butter	英国
凯特自制黄油	Kate's Homemade Butter	缅因州
麦克莱兰乳品场手工有机黄油	McClelland's Dairy Artisan Organic Butter	加利福尼亚州
有机谷加盐黄油	Organic Valley Salted Butter	威斯康星州
牧草地海盐黄油	PastureLand Butter with Sea Salt	威斯康星州
威克农场农舍黄油	Wyke Farms Farmhouse Butter	英国

连续搅拌的甜黄油（80% 乳脂含量）

. . . .

黄油中文名称	黄油英文名称	产地
安佳黄油	Anchor Butter	新西兰
卡伯特乳品厂无盐黄油	Cabot Creamery Unsalted Butter	佛蒙特州
挑战黄油	Challenge Butter	加利福尼亚州
芬兰黄油	Finlandia Butter	芬兰
金凯利纯正爱尔兰加盐黄油	Kerrygold Pure Irish Salted Butter	爱尔兰
梅格勒阿尔卑斯黄油	Meggle Alpine Butter	德国
蓝多湖无盐甜奶油黄油	Land O'Lakes Unsalted Sweet Cream Butter	明尼苏达州
银宝加盐黄油	Lurpak Salted Butter	丹麦
蒂拉穆克无盐甜奶油黄油	Tillamook Unsalted Sweet Cream Butter	俄勒冈州

欧式（高乳脂）甜黄油

. . . .

黄油中文名称	黄油英文名称	产地
黄油山 83%	Beurremont 83%	佛蒙特州
卡伯特 83 无盐黄油	Cabot 83 Unsalted Butter	佛蒙特州
三叶草农庄有机欧式海盐黄油	Clover Farmstead Organic European-Style Butter with Sea Salt	加利福尼亚州
蓝多湖欧式特优无盐黄油	Land O'Lakes European Style Super Premium Unsalted Butter	明尼苏达州
拉森乳品厂典范无盐黄油	Larsen's Creamery Crémerie Classique Unsalted Butter	俄勒冈州
普鲁格拉欧式无盐黄油	Plugrá European Style Unsalted Butter	密苏里州
鲁米亚诺有机欧式无盐黄油	Rumiano Organic European-Style Unsalted Butter	加利福尼亚州
斯特林无盐 82% 黄油	Stirling Unsalted 82% Butter	加拿大
斯特劳斯家庭乳品厂欧式有机加盐黄油	Straus Family Creamery European-Style Organic Salted Butter	加利福尼亚州
维特里希 83% 欧式无盐黄油	Wüthrich 83% European Style Unsalted Butter	威斯康星州

传统罐内发酵黄油

. . . .

黄油中文名称	黄油英文名称	产地
动物庄园农庄黄油	Animal Farm Farmstead Butter	佛蒙特州
最佳黄油	Au Bon Beurre	法国
博尔迪耶搅拌黄油	Bordier Beurre de Baratte	法国
埃希雷黄油 AOC	Beurre Echire AOC	法国
贝勒河畔塞勒，夏朗德 - 普瓦图特生黄油 AOC	Celles sur Belle, Beurre Grand Cru Charentes-Poitou AOC	法国

续表

黄油中文名称	黄油英文名称	产地
吉凡蒂黄油	Guffanti Burro	意大利
格雷齐尔有机欧式发酵黄油	Graziers Organic European-Style Cultured Butter	加利福尼亚州
伊西尼圣母，伊西尼黄油AOC	Isigny Ste-Mère, Beurre d'Isigny AOC	法国
勒·加尔搅拌黄油，加盖朗德的盐之花	Le Gall Beurre de Baratte, Fleur de Sel de Guérande	法国
高山家庭农场手工黄油	Mountain Home Farm Artisan Butter	佛蒙特州
北欧乳品厂特别奶油发酵黄油	Nordic Creamery Spesiell Kremen Cultured Butter	威斯康星州
有机谷加盐牧场黄油	Organic Valley Pasture Butter, Salted	威斯康星州
潘普列搅拌黄油，夏朗德-普瓦图黄油AOC	Pamplie Beurre de Baratte, Charentes-Poitou AOC	法国
犁门乳品厂发酵黄油	Ploughgate Creamery Cultured Butter	佛蒙特州
鲁道夫·勒·默尼耶搅拌黄油	Rodolphe Le Meunier's Beurre de Baratte	法国
内华达山脉有机罐内发酵欧式黄油	Sierra Nevada Organic Vat-Cultured European Style Butter	加利福尼亚州
佛蒙特乳品厂发酵黄油	Vermont Creamery Cultured Butter	佛蒙特州

乳清奶油黄油

· · · · · · · · · · · ·

黄油中文名称	黄油英文名称	产地
阿尔卡姆乳品厂乳清奶油黄油	Alcam Creamery Whey Cream Butter	威斯康星州
辛格尔顿奶乳清奶油农舍黄油	Grandma Singletons Whey Cream Farmhouse Butter	英国
穆尔海斯加盐农舍黄油	Moorhayes Salted Farmhouse Butter	英国

黄油中文名称	黄油英文名称	产地
奎克奶牛乳清黄油	Quicke's Cows Whey Butter	英国
斯特林乳品厂乳清奶油黄油	Stirling Creamery Whey Cream Butter	加拿大

山羊黄油

. . . .

黄油中文名称	黄油英文名称	产地
德拉米尔乳业山羊黄油	Delamere Dairy Goats Butter	英国
自由山羊黄油	Liberté Goat Milk Butter	加拿大魁北克省
美恩宝欧式山羊黄油	Meyenberg European Style Goat Milk Butter	加利福尼亚州
奎克山羊乳清黄油	Quicke's Goats Whey Butter	英国
圣海伦农场山羊黄油	St. Helen's Farm Goats Butter	英国

绵羊黄油

. . . .

黄油中文名称	黄油英文名称	产地
哈弗敦希尔绵羊黄油	Haverton Hill Sheep's Milk Butter	加利福尼亚州
拉穆顿尼埃绵羊黄油	La Moutonnière Ewe's Milk Butter	加拿大魁北克省

生牛奶（未巴氏杀菌）黄油

. . . .

黄油中文名称	黄油英文名称	产地
伊西尼圣母生黄油	Isigny Ste-Mère Beurre Cru	法国

黄油中文名称	黄油英文名称	产地
勒·加尔半盐生牛奶搅拌黄油	Le Gall Beurre de Baratte, Demi-Sel au Lait Cru	法国
有机牧场生黄油	Organic Pastures Raw Butter	加利福尼亚州

黄油罐头

. . . .

黄油中文名称	黄油英文名称	产地
红羽毛牌纯正乳品厂黄油	Red Feather Brand Pure Creamery Butter	新西兰
H. J. 韦斯曼父子公司腌制荷兰黄油	H. J. Wijsman & Zonen Preserved Dutch Butter	荷兰

酥油，摩洛哥酥油

. . . .

黄油中文名称	黄油英文名称	产地
阿姆纯正酥油	Amul Pure Ghee	印度
有机谷纯正农场有机酥油	Organic Valley Purity Farms Organic Ghee	威斯康星州
纯正印度食品草饲有机发酵酥油	Pure Indian Foods Grass-Fed Organic Cultured Ghee	新泽西州
扎穆里香料摩洛哥酥油	Zamouri Spices Smen	堪萨斯州

附录B

其他语言中的黄油

欧洲语言

gjalpë（阿尔巴尼亚语）

gurina（巴斯克语）

алей（白俄罗斯语）

масло（保加利亚语）

mantega（加泰罗尼亚语）

maslac（克罗地亚语）

máslo（捷克语）

smør（丹麦语）

boter（荷兰语）

või（爱沙尼亚语）

voi（芬兰语）

beurre（法语）

manteiga（加利西亚语）

butter（德语）

βούτυρο（希腊语）

vaj（匈牙利语）

smjör（冰岛语）

im（爱尔兰语）

burro（意大利语）

sviests（拉脱维亚语）

sviestas（立陶宛语）

масло（马其顿语）

butir（马耳他语）

smør（挪威语）

maslo（波兰语）

manteiga（葡萄牙语）

unt（罗马尼亚语）

масло（俄语）

путер（塞尔维亚语）

maslo（斯洛伐克语）

mantequilla（西班牙语）

smör（瑞典语）

масло（乌克兰语）

menyn（威尔士语）

רעטופ（意第绪语）

亚洲语言

মাখন（孟加拉语）

ထောပတ်（缅甸语）

黄油（汉语）

mantikilya（菲律宾语）

კარაქი（格鲁吉亚语）

માખણ（古吉拉特语）

मक्खन（印地语）

mentega（印度尼西亚语）

バター（日语）

버터（韩语）

mentaga（马来语）

เนย（泰语）

bo（越南语）

中东地区语言

زبدة（阿拉伯语）

kərə yağı（阿塞拜疆语）

کره（波斯语）

חמאה（希伯来语）

tereyağı（土耳其语）

非洲语言

botter（南非荷兰语）

kebbe（阿姆哈拉语）

siagi（斯瓦希里语）

致　谢

　　哦，天哪，我该从哪儿开始呢？在写作本书的三年多时间里，我从许多地方的许多人那里得到了帮助、支持、鼓励、建议和忍耐；我的感激之情溢于言表。

　　理所当然，我要首先感谢那些在我动笔写作本书之前就对它抱有信心的人。我有幸得到了资深出版人士鲍勃·莱姆斯特罗姆-希蒂（Bob Lemstrom-Sheedy）的鼓励，他敦促了我一年多，让我把我写作黄油故事的想法诉诸文字，写出计划。通过鲍勃，我认识了我聪慧机敏又善解人意的代理人，塞德秀图书（Sideshow Books）的丹·塔克（Dan Tucker），他将我的《黄油》提纲推荐给阿尔冈昆出版社的杰出团队。

　　从那时起，我的艰巨任务就开始了。对所有在我研究黄油伟大历史的过程中帮助过我的人，我向你们表示最诚挚的谢意。以下名单没有顺序：藏族朵玛雕塑专家玛丽·扬；科克黄油博物馆的彼得·福因斯（Peter Foynes）；研究助手玛丽·兰利（Mary

Langley）；翻译西尔维亚娜·戈吕布（Sylviane Golub）、马多·斯派格勒（Mado Speigler）和宋曲（Song Qu）；国会图书馆的诸位馆员，特别是汤姆·杰宾（Tom Jabine）、艾莉森·凯利（Allison Kelley）和吉雅·坎贝尔（Kia Campbell）；研究捐助人大卫·戈吕布（David Golub）；美国农业部农业图书馆的黛安·温什（Diane Wunsch）；中国西部牦牛乳业集团（China West Yak Dairy Group）；黄油历史研究者桑迪普·阿加瓦尔；黄油雕刻师萨拉·普拉特；以及许许多多的作家、学者，他们的历史作品为我的写作奠定了基石。我要特别感谢保罗·欣德斯泰特（Paul Kindstedt），他的《奶酪和文化》（*Cheese and Culture*）一书对我理解全球乳业发展极有价值。

在畜牧业、科学和营养等复杂话题方面，我要感谢耐心指导过我的诸位专家，包括：威斯康星大学教授罗伯特·布拉德利、丹·谢弗、玛丽安娜·苏姆科夫斯基和劳拉·赫尔南德斯；霍索恩河谷联合会（Hawthorne Valley Association）的马丁·平（Martin Ping）和斯特芬·施奈德；康奈尔大学的艾伦·莱文垂（Ellen Leventry）和教授卡门·莫拉鲁（Carmen Moraru）；真实健康诊断公司（True Health Diagnostics）的托马斯·代斯普林博士；食品科学家布鲁纳·福加萨（Bruna Fogaεa）；巴布科克学院（Babcock Institute）的卡伦·尼尔森（Karen Nielsen）。我还要将我满腔的崇敬与感激之情献给食品科学作家哈罗德·麦吉和迈克尔·图尼克（Michael Tunick），以及营养调查作家加里·陶布斯和妮娜·泰肖尔兹（Nina Teicholz），他们的大作让我获益匪浅。

在记录黄油的烹饪影响方面，我得到了以下各位的慷慨援助：美国烹饪学院的大厨豪伊·威利（Howie Velie）、大厨乔·迪佩里、斯特凡·亨斯特（Stephan Hengst）和金妮·穆雷（Ginny Muré）；西蒙洛克巴德学院（Bard College at Simon's Rock）食品研究中心主任玛丽安·泰本（Maryann Tebben）；爱尔兰食品委员会（Board Bia）的卡伦·科伊尔（Karen Koyle）和梅芙·德斯蒙德（Maeve Desmond）；威斯康星乳品推广委员会（Wisconsin Milk Marketing Board）的希瑟·波特·恩瓦尔（Heather Porter Engwall）和玛丽莲·威尔金森（Marilyn Wilkinson）；以及烹饪史学会纽约分会的同事们。

许多黄油制作者为本书奉献出了他们的时间和技艺。限于篇幅不能将他们的名字全部列出，但每个人都应得到我的真诚谢意。我衷心地感谢：犁门乳品厂的马丽萨·莫罗（Marisa Mauro），斯特劳斯家庭乳品厂的阿尔贝特·斯特劳斯（Albert Straus），卡伯特乳品厂的道格·迪门托（Doug DiMento），格拉斯兰的特雷弗·维特里希，以及在第九章着重写到的让·伊夫·博尔迪耶；佛蒙特乳品厂的艾莉森·胡珀和阿德琳·德吕阿尔；动物庄园的黛安·圣·克莱尔、帕特里克·约翰松；CROPP 合作企业 / 有机谷的路易丝·赫姆斯泰德（Louise Hemstead）、布伦达·斯诺德格拉斯（Brenda Snodgrass）和史蒂夫·雷伯格、威尔和艾莉森·阿伯内西；斯特林乳品厂的格雷格·诺格勒尔；细流泉乳品厂的乔·米勒；哈弗敦希尔乳品厂的米西和乔·阿迭戈；北欧乳品厂的阿尔和萨拉·贝克姆；不丹的格多和卓妮；印度的阿基塔及其家人。我还要特别感谢林恩·克雷默（Lynn Kramer）（和她的奶牛），她为帮助我理解旧大陆的黄油工艺而进行了一些生黄油制作的试验。在我出国拜访黄油生产者时，我有幸得到了若干位见多识广的向导的帮助，包括：法国的苏珊·埃尔曼·卢米斯（Susan Herrmann Loomis）；不丹的桑盖林钦（Sangay Rinchen）和索南卓达（Sonam Choeda）；爱尔兰的爱尔兰乳品委员会（Irish Dairy Board）；印度的马汉·穆克什（Mahan Mukesh）和卡尔纳吉特·辛格·贾戈瓦（Karnaljit Singh Jagowal）。

对马克·舍恩伯格（Mark Schoenberg）在研究上给予我的不计其数的帮助，我谨表示我的特别谢意。马克是一位非凡的网上侦探，他的调查工作、讨论和对相关话题的涉猎极大地丰富了我的黄油知识。马克是本书写作过程中的真正合作者。

我还要对阿尔冈昆出版社的编辑凯茜·波里斯（Kathy Pories）表示万分感谢，是你用无尽的耐心和热情将我臃肿冗长的初稿删改为更加简洁清晰的版本。同样，我也非常感谢一丝不苟的文字编辑裘德·格兰特（Jude Grant），我十分有幸与你合作。

我的朋友和亲人也热情参与了本书的工作。让我把万分的感谢送给我的两位姐妹——希拉·钱伯斯，她对叙述结构和策略（以及与黄油有关的绘画艺术！）提出了睿智的建议；杰奎琳·普兰特（Jacqueline Plant），她在试验和编写菜谱方面总是让人信赖（她还比其他任何人更能逗我发笑）。感谢我的敢想爱问的孩子们，亚历山大和卢卡·珀尔（Alexander and Luca Pearl），他们的热情使我一直牢记，我能讲述黄油的故事是多么幸运。还要多多感谢我最好的朋友和写作伙伴里克·霍尔斯特德（Rick Halstead），他熟练地教导我完成了有时无从下手的工作，即把大量不相干的研究提炼成一个连贯的章节。我的朋友兼同事凯特·阿丁（Kate Arding）在我启动写作计划时也向我提供了宝贵的灵感、人脉和资源。我衷心感谢在我孤独写作和编辑期间不断给我安慰与支持的一大帮好朋友，特别是女性同胞：克里斯蒂安娜、玛丽、妮科尔、温迪、斯特拉、吉利、安迪、杰姬、萨拉和朱莉。谢谢你们一直与我保持联系。（还要再次感谢一下萨拉，谢谢你画下了最动人的黄油画像并把它赠送给我。）

最后我要把我最深深的谢意送给我耐心的丈夫米奇（Mitch），正是你在家中和旅途中给予的持久，而无限的支持让这本书成为现实。我的语言，印出或未印出，都无法尽诉我对你的爱意与感激之情。